1962年の名古屋市科学館開館時から48年間、星空を再現してきたツァイスⅣ型とプラネタリウムの演出映像

2011年にリニューアルされた「ユニバーサリウムIX型」。世界最大径のドームに、肉眼で見える約9000個の星を再現している

新館プラネタリウムではデジタル技術により、迫力ある天体の映像やレーザーを使った演出なども可能となった

星空の
演出家たち

世界最大のプラネタリウム物語

中日新聞出版部　編

はじめに

２０１１年3月、名古屋市科学館の理工館と天文館がリニューアルオープンしました。プラネタリウムも新しく世界一の大きさになり、年間入場者数もほぼ2倍になりました。こうしたオープン効果は1年ぐらいで元に戻ったりするものですが、5年経とうとする今でも多くの方にお越しいただき、大変ありがたく思っています。

「人気の秘密は?」とよく聞かれたりするのですが、実のところ当事者たちには良く見えていなかったりします。そこで、リニューアルにあたって考えたことや、やってきたことを、編集の方のインタビューに答える形でまとめていただきました。

ただ、こうして取り上げられたエピソードの陰には、黙々と続けられる日常があることも忘れてはいけないと思います。本書では出番の少ない、学芸員の小林修二君と持田大作君をはじめ、チームの皆がそれぞれの役割を果たしたからこそ、50年ぶりのプラネタリウムの更新ができ、現在があります。

また、プラネタリウムの改築案が持ち上がった頃、どこへ説明に行っても「プラネタリウムは子供の頃から大好きです」「プラネの解説の人たちの言うことなら…」と最初から味方をしてくれる人が多かったことも印象的でした。ＯＢの山田卓さんをはじめとする諸先輩方が残してくれたものに感謝が尽きません。その中でも、私の前任者の北原政子さんが残してくれた膨大な資料には随分助けられました。

それぞれの人がそれぞれのポジションで、ブレることなく地道にやってきてくれたことの集大成が、今の名古屋市科学館のプラネタリウムです。

最後になりますが、新プラネタリウムの建設において、我々の（時には無理難題とも取れる）こだわりや希望を快く聞いて、最大限の努力をしてくれた、科学館新館整備担当チーム、名古屋市住宅都市局の皆さん、竹中・土屋・ヒメノ共同企業体をはじめとする建築に関わってくれた皆さん、コニカミノルタプラネタリウムのスタッフと関連の技術スタッフの皆さんに深く感謝します。そして、本書を当時1歳だった大西高司君の息子が手に取り、おやじの大きな背中を感じてくれたなら、うれしく思います。

プラネタリウム調整室（バックヤード）にて
2016年2月　天文主幹　野田　学

もくじ

上：世界最大のプラネタリムの上空を国際宇宙ステーションが通過　下：雪化粧の新・旧ドーム。2011年1月撮影

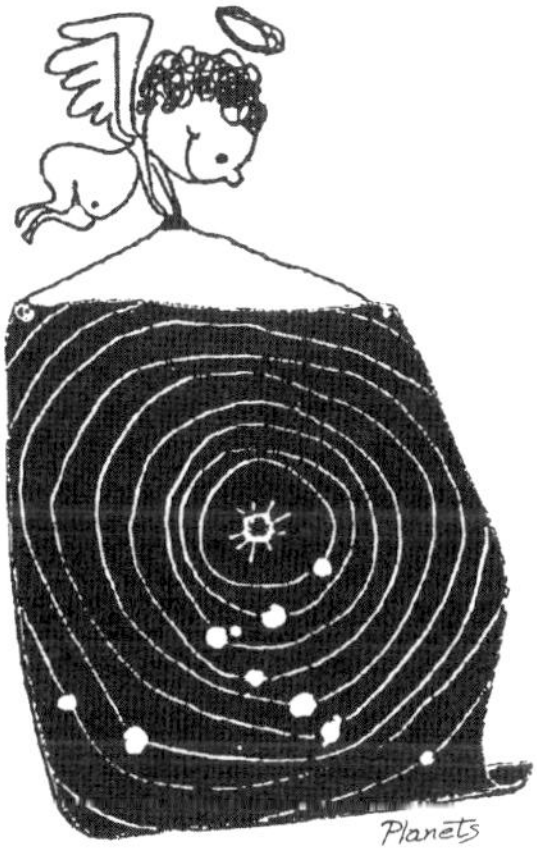

第1章
プラネタリウムの新人研修

大きさは世界一、人気も日本一のプラネタリウム歴代2人目・新人女性解説者は名古屋市科学館に育てられた宇宙少女

２０１３年８月上旬。世界最大、直径35メートルのプラネタリウムドーム「ブラザーアース」*に若い女性の声が流れる。普通の人の眼では継《つ》ぎ目がどこにあるのかわからない、巨大な白天井に映し出される空は、実際の空のように果てなく広がっているように見える。

「…夏休みになって、山奥とか田舎とか、空の暗い、星が見えやすいところに行かれる機会も増えてくるかと思います。街中を離れて、空を照らす光がないところに行かれると、星空の様子、こんなふうに変わってくるんです」

漆黒《しっこく》の夜空にみるみる星の数が増えていく。肉眼で見える姿をできるだけ忠実に再現した星々は本物のようにチカチカと瞬《またた》き、星のきれいな山奥で本物の夜空を眺《なが》めているような、無限の宇宙に吸い込まれていきそうな不思議な感覚に捉《とら》われる。降るよ

＊ネーミングライツ（施設命名権）によるプラネタリウムドームの愛称で、２０１１年から２０２０年までは「ブラザーアース」（ブラザー工業株式会社）、２０２１年からは「ＮＴＰぷらねっと」（ＮＴＰホールディングス）に変わった。

うな星空に包まれるこの瞬間は、解説台から何度も眺めていても特別なものだ。

ここは年間50万人の見学者が訪れる名古屋市科学館のプラネタリウム。１９６２年に開館し、２０１１年にわずか3年という短期間の工事で世界最大のプラネタリウムにリニューアルした。新聞の「おすすめのプラネタリウム」ランキング（日本経済新聞、世界最大になる以前の09年および以後の12年）で2度、日本一に選ばれたこともある。

解説台に座っているのは、名古屋市科学館天文係学芸員の中島亜紗美《なかしまあさみ》。同館で歴代2人目の女性解説者だ。50分間台本なしの生解説に、今日も気をぐっと引き締《し》めて挑《いど》んでいる。


中島は天文学専攻で博士課程まで進んだ。研究内容は、生まれたての星の明るさの変動を調べる観測と、そのための赤外線観測装置の開発だ。国立天文台で過ごした院生時代、市民向けの天体観望会で解説をしたことがある。仲間から「本物のプラネタリアンみたいだね」と言われ、嬉《うれ》しかった。子どもの頃から自身が魅了《みりょう》され続けてきた宇宙の、人智の及《およ》ばないすごさを、そしてそれを探求する天文学の面白さを人に伝えることができる。専門領域の面白さを誰かと共有できる、その楽しさは、研究者として自身で謎《なぞ》を解き明かすワクワク感に少し勝っていた。

そのまま研究者への道を歩み続けるか迷い始めた頃の博士課程3年目、26歳だった

12年、生まれ育った街にある名古屋市科学館で天文学芸員の採用があると知った。

　名古屋市科学館は、中島が宇宙に関心を持った原点だ。小学生のとき、母の勧めで名古屋市科学館の天文クラブ*に入会した。中島が小学生だった90年代は〝宇宙の天文台〟ハッブル宇宙望遠鏡が地上600キロ上空の軌道を周回するようになって、国際宇宙ステーションの建設計画が進み、日本が大型ロケットの開発に乗り出した頃。毛利衛、向井千秋、若田光一、土井隆雄、と日本人の宇宙飛行士も次々とスペースシャトルに搭乗した。

　天文クラブで紹介される宇宙開発の話題に「かっこいい…」と魅《み》せられ、「私もいつか宇宙に」と宇宙飛行士を夢に描いた。高校卒業まで天文クラブに在籍し、プラネタリウムに足を運んだ回数は数えきれない。高校生になる頃には、体力面から宇宙飛行士になることはあきらめたが、「地上から宇宙を観《み》る人になろう」と天文学者を目指すことにした。しし座流星群の大出現があった01年、流星雨の出現予測をしたイギリス・アーマー天文台の研究者、デヴィッド・アッシャー氏の講演を天文クラブの例会で聞いたことも、中島の背中を後押しする。生で聞く、情熱がこめられた研究者の声は深く心に刻まれた。

　大学の入学ガイダンスで学芸員資格を取る方法について説明を受けたとき、中島の頭にはプラネタリウムで解説をする人の姿が浮かんだ。施設によって解説者のあり方

＊天文クラブ
現在は高校生以上を対象としているが、当時は小・中学生クラスがあった。

上：350の座席はゆったり配置され、左右に30度ずつ回転し、後ろにも深く倒れるようになっている。
下：ドームに投影される風景は、実際の風景写真、手描き風、イラストなど様々なパターンがある

は異なるが、名古屋市科学館では、資格を持った学芸員がプラネタリウムの解説をすることになっている。「単位をとるだけで資格が取得できるならば」と、修士課程を終える前に資格を取得していた。

学芸員には定員があり、通常は欠員が出ない限り募集はかからない。このとき名古屋市科学館のプラネタリウムは、世界最大の新プラネタリウムに変わって1年が経過したところ。それでもなお、チケットを求める人の列が毎朝館の外まで長く伸びていた。連日忙殺されたスタッフが体調不良などで戦線離脱することもあり、密《ひそ》かにピンチを迎えていたのだった。

「このタイミングは運命だ」

そう思って、応募した。

選考を経て、合格。13年4月1日、かつての宇宙少女は懐かしい科学館の扉を開いた。今度は私が、新しい宇宙少年・宇宙少女を育てる番だ。

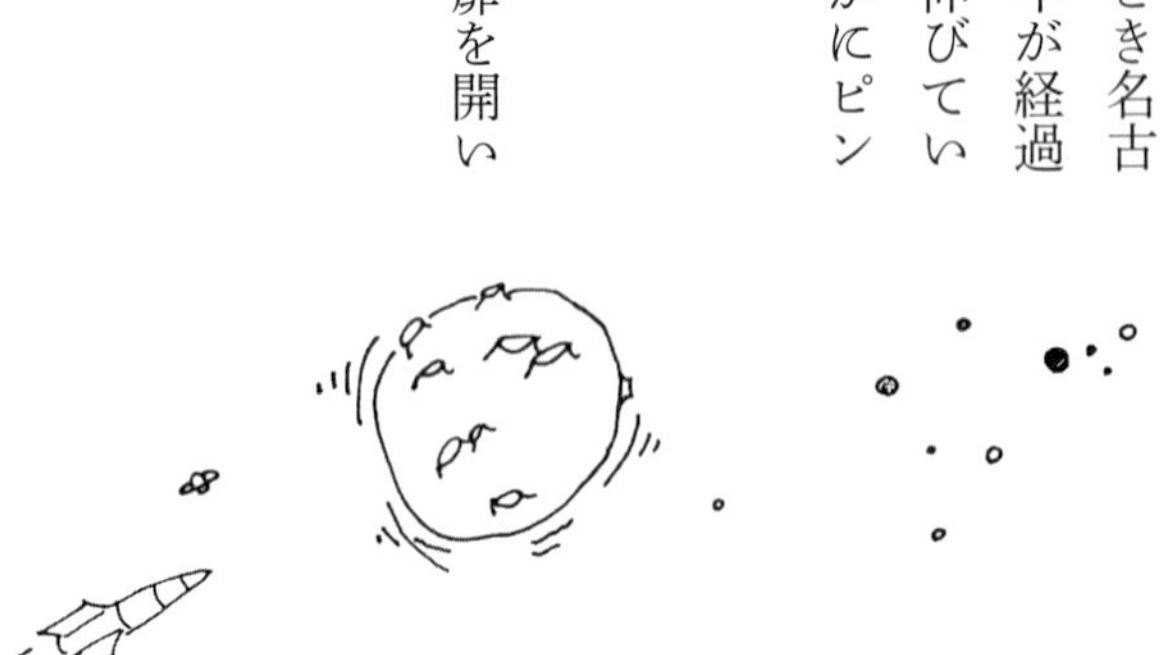

子どもたちの誘導灯に独特の技術が必要な幼児投影

名古屋市科学館のプラネタリウムには、春夏に団体で訪れる保育園児・幼稚園児を対象とした「幼児投影」、秋冬に名古屋市内のほぼ全ての小学校が、4年生または6年生を引率して観にくる「学習投影」、親子連れを対象とした「ファミリーアワー」、そして「一般投影」の、主に4種類の投影枠がある。

中島は新人研修を経て、5月末から7月までまず幼児投影を担当した。

幼児たちは反応豊かだ。まずは投影前の音楽。小さい子は、なじみの曲が流れると一緒に歌いださずにはいられない。コツは、ある程度大きな音量でかけること。音が小さすぎると、歌い出していいものか躊躇《ちゅうちょ》してしまう。『おもちゃのチャチャチャ』『むすんでひらいて』など童謡の大合唱で、場内を温める。

「さあ、これからプラネタリウム投影をはじめます！なにかまあるいものがでてきました」。丸い光をドームの空に登場させる。

「お月様！」と声があがった。

「うーん、残念。これはね、お日様、太陽です。

でも本物の太陽ってもっともっとまぶしくなーい？そう、太陽ってまぶしい。まぶしすぎるくらい。だから、みんなが本物の太陽とじーっとにらめっこしていたら、目がつぶれちゃうんです。目が焼けて、目玉焼きになっちゃうかも！」

子どもたちの笑い声がはじける。

「だから、みなさんは本物の太陽とじーっとにらめっこはしません。いいですか？お約束できる？」

「はーい！」

「はい、ありがとう。

でもでもでも、太陽が空に出ていたら、昼間です。昼間じゃ、星が見えません。ちょっと太陽さんに沈むようお願いしてこよう。ぴゅーっ。もしもし、太陽さん！

太陽は西の空に沈みます。朝になると別の方角から…東からおっはよう！南の空でこんにちは、西の空におやすみなさい。東からおはよう、南でこんにちは、西におやすみなさい。おはよう、こんにちは、おやすみなさい。おはよう、こんにちは、おやすみなさい」

くり返しにケタケタ笑い転げる子どもたち。日周運動は、小さい子にもわかりやすい、今日おみやげに持ち帰っておうちの人に話してほしい、天文知識のひとつだ。

東、南、西。東、南、西。子どもたちの目が太陽を追いかけているうちに、ふわあっとドーム地平線に名古屋の景色を浮かび上がらせる。科学館、名古屋城、テレビ塔、ナゴヤドーム、名古屋港水族館…おなじみのランドマークに可愛い歓声があがった。ピンクのようなオレンジのような夕焼けの空が、だんだんブルーに紫色にと変わり、街にはネオンや行き来する車のヘッドランプが灯り…そうして夜8時の都会の空になる。「みなさん、こんばんは。すっかり夜になりました。一番星、みーつけた」

暗闇が苦手な幼児を、ここからさらに満天の星の下に連れ出すのには、技術が要《い》る。いきなり真っ暗にすれば「キャー！」「こわーい！」「やだー！」と悲鳴の嵐だ。「この声になら安心してついていける」。解説者の声は、そんな風に感じられる誘導灯の役割を果たさねばならない。

「空に星がこれだけじゃ、ちょっとさみしいね。みんなもっともっと星、見に行きたい？山奥にいっても大丈夫？暗いところ怖くない？…よし、それなら安心。みんなで山奥に出発です！」

空を少しずつ暗くしていく。

わあっと歓声が上がる。子どもたちは、いつの間にか無数の星に包まれている。

「わあ、すっごーい！もういくつ見えてるかわからないくらい星がいっーぱい！山奥に来たらこんな動物に出会うかも。大きなクマ、やさしいおかあさん熊です」

おおぐま座のクマの星座絵を映し出して、息子のこぐま座も出して、おかあさん熊のお尻からしっぽにかけて7つの星が並んでいます、と説明する。

「北斗七星、聞いたことあるかな?」

「あるー!」

幼児投影では、はしゃぐ子どもたちに喰《く》われぬよう主導権を握《にぎ》る技術が必要だ。子どもは、自分が知っている事柄を声に出して言いたがるもの。

「地球は8人兄弟です…」

「たいようけい!」

「これは大きな環《わ》がある、とっても人気者の惑星…」

「サターン!」

こんな博識な子の声に最初は戸惑ったが、解説の回数を重ねるうちに「わあ、よく知ってるねぇ」と拾ってあげる余裕も身につけた。

デビューしたての頃は、声の調子や言葉遣いが堅くなってしまい、先輩から「まるで教科書を読み聞かせているよう」と指摘された。読み聞かせるのは絵本、リズムや抑揚をつけて「おはなし」しよう。そう意識しながら解説に臨《のぞ》むようにする。

「月には白っぽいところと黒っぽいところがあります。黒っぽいところを見ていると…だんだん何かに見えてきた…うさぎ!うさぎさんが、お餅《もち》つきをしている!

頭があって、みーみ、耳。それに手の先にきねを持っていて、お餅をぺったん、ぺったんしています。

みんなも月にお絵かきしてみない？」

子どもたちのお手を拝借、今度は月面に「おかあさんの横顔」と言って女性の顔を描いてみる。

「一日一個、新ネタを取り入れる」を目標に試行錯誤して、解説20回目を数える頃には、子どもたちが40分間の投影の最後までついてきてくれると実感できるようになった。星空を楽しんでくれる素直な反応は、もう嬉しくて仕方がない。

7月中旬、13年の幼児投影最後の日。

「東から太陽がのぼってきました。みなさん、おはようございます。朝になって星がみえなくなったところで、今日のプラネタリウムはおしまいです」

明るくなった場内でふうっとため息をついた中島は、なにやら熱い視線を向けられていることに気がついた。女の子が数人、キラキラした目でこちらを見ている。目が合うとこちらに駆け寄ってきて、「楽しかったあ！」「お話面白かったよ」と声を掛《か》けてくれた。解説者冥利《みょうり》につきるとはこのことかも…。嬉しい！充実感に胸が弾《はず》む。

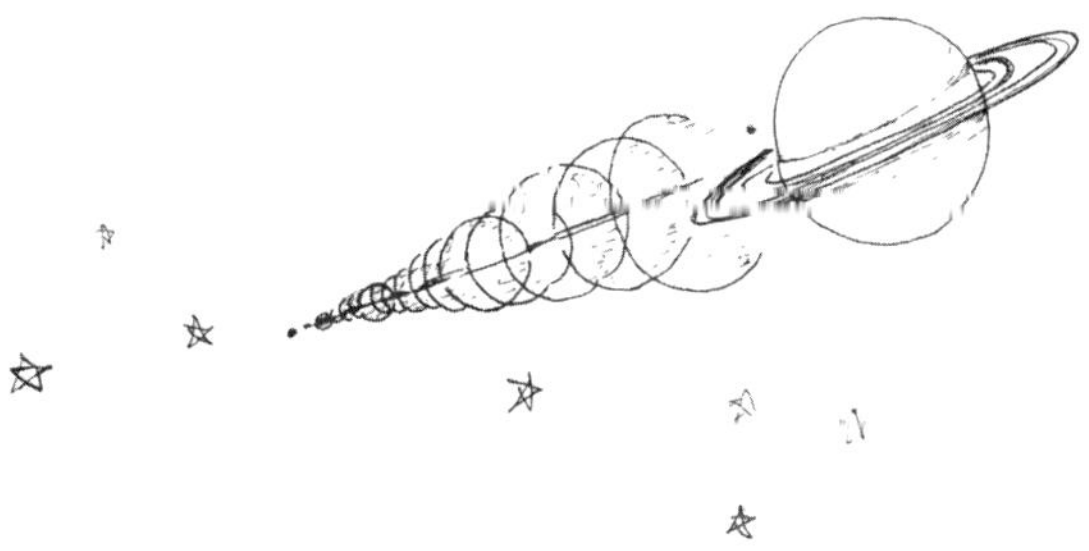

夕方、80センチ天体望遠鏡が設置されている理工館7階の屋上に上がった。夕焼けの色がどんな風に移ろい、その中にどんな天体がどのように見えていたのか翌日のプラネタリウムで具体的に語れるように—というより「昨日の星は本当に本当にきれいだったんだよ！」と語らずにはいられなくなるように—夕方から夜の空を眺めるのは解説者のたしなみだ。

天文学に「補償光学」という研究分野がある。中島が大学院で研究者を志していた頃、特に面白いと感じていた分野だ。星の瞬《またた》きは、地球に入った星の光が大気の揺《ゆ》らぎで屈折し、乱れて見えることによって起きる。この光の乱れを補正して、よりシャープな天体画像を得ようというのが補償光学だ。ゆえに瞬く星は、科学の面白さを伝えたい、という原点の気持ちを思い出させてくれる。

その日は、空がとても澄《す》んでいた。西の地平線には美しい夕焼けが、その上のまだ青い空には一番星の金星が鋭《するど》い光を放ち、めずらしく瞬きを見せていた。

そうして7月下旬から、いよいよ一般投影に挑んだのだが…大人相手の解説は、幼児投影のそれとは勝手が違っていた。

解説に必要なのは、言葉の選択、発音などの話術そして何より見学者への思いやり

中島は、すうっと息を吸い込む。今日こそは満足のいく解説にしよう。

一般投影を始めてから、解説の自己採点は20点、18点、30点、17点…。ため息が出る。上司からは60点ギリギリの合格点はもらっているものの、自分の思い描く理想とはほど遠い。

中でも前々回にあたる先週金曜日の解説は最悪だった。自己採点13点。冷えのせいで風邪をひいてしまったからだろうか。その口は朝から頭がぼーっとして、ガムを噛《か》んでもコーヒーを飲んでもすっきりしないし、上着を羽織《はお》ってもぞわぞわと寒かった。冴《さ》えない頭のまま解説台に入ったら、言葉を間違え、言葉に詰《つ》まり、「えー」「あのぉ…」とどもる。滑舌が悪く、「うおつりぼし」が「おおつりぼし」に、「アンタレス」が「アンアレス」になってしまった。8月のテーマ「ブラックホール」の誕生についての説明は話がループしてしまったようで、あとから録音を確認すると、「星が重力

でつぶれてブラックホールができ、その反動で超新星爆発が起こり、残った密度の高い天体がつぶれてブラックホールになり…」あれ、ブラックホールが2回誕生しているよ…。

暗闇の中でも、解説台からは見学者の反応が見てとれる。相手の声は聞こえなくとも、空気の変化や小さなうなずきで、話がどう受け取られているのかわかるのだ。

「北西の空、ぐっと見上げていただくと北斗七星が見つかります」

客席が一斉に北西の方角に傾《かたむ》けば、みんなが起きている証拠だ。いびき声には「あ…」と心の中で苦笑いする。一番怖いのは、見学者が飽《あ》きているときに漂《ただよ》う白けた空気だ。確信できるほどではないが、肌に伝わってくる。

プラネタリウムの解説は一回50分。投影は一日6回あるが、350の座席は、リニューアルして3年目の今でも毎回満席だ。客席から飽きたムードを感じると、申し訳ない気持ちでいっぱいになる。350人の50分間をお預かりする責任は重いのだ。

「…8月12日の夜中から明け方にかけて、そして次の日、13日の夜中から明け方にかけてが一番、ペルセウス座流星群の流れ星が多くなります。前後数日を含めて、いちばん天気のいい日を狙ってご覧いただければと思います。

それでは空が明るくなってきたところで、今回のプラネタリウム、終わりにさせていただきます。それではみなさん、さようなら」

投影の後は反省会。中島はプラネタリウムのバックヤードで、天文係長の野田学と新人研修を担当する北原政子とテーブルを囲んでいる。さっきすすったコーヒーが、口の中でまだ苦い。

北原は、この名古屋市科学館初の女性解説者、つまり中島亜紗美の、同性では唯一の先輩にあたる。解説者を務めて35年以上の間に、天文係長、天文主幹と昇進も果たし、2005年に退職した。女性ならではの優しい口調ながらも、その日どうしても伝えたいテーマは、しっかり語りきる。ぐいぐいと観衆を話の展開に引きずり込んでいく、力強い解説にはファンが多く、現在でも時折解説台に上がっている。

「今日は言い直しが多かったね、聞いているほうがハラハラしちゃう。中《なか》ちゃん、昨日は何時に寝たの?……そうでしょう、言葉を噛んだり、詰まったりするのは、疲れや眠気で集中できていないからよ。らりるれろの滑舌もよくない。『それで』が『そいで』に聞こえちゃう。知性がないように感じるよ。

出だしはよかったね。日が沈んだところで『さあ! いよいよです! 金星が見え始めます』と言ったでしょう、臨場感があってとってもよかった。『空のこんな高いところ』というのは稚拙《ちせつ》だから、『充分高いところ』と言い換えたほうがいいね。『金星が太陽の東側にいるうち、今年の年末までは夕方見られます』と宵《よい》の明星について説明したあとは、明けの明星についても一言ほしかったな。

それから、ＩＳＳ（国際宇宙ステーション）。ただ『肉眼で見えます』と言うだけではなくて、双眼鏡や望遠鏡を使わなくても見えるということや、観察するときには時刻と方角を確認するのが大事なことをちゃんと伝えてほしいの。今日、プラネタリウムを見てくれた人たちが、家に帰って実際にＩＳＳを見てみよう、とする場面を想像してみて。どうしたらうまく見られるか詳《くわ》しく伝えてあげる、見学者への思いやりが大事なのよ。それからＩＳＳが見られる驚《おどろ》きを、中ちゃんの心から出た言葉で、感動をこめて言うこと。話す人自身が感動していないと、見る人の感銘は引き出せない。

『空に流れ星が流れています』。こんな表現はダメでしょう。誰かと並んで星空を眺めているとき、こんなふうに棒読みで言われて嬉しい？『あ！流れ星が見えました』と共感を呼び起こす。この人と一緒に星を見たい、星を見るときこの人に傍《かたわ》らにいてほしい、この人のように宇宙を理解し感じ取りたいと思わせるのが立派な解説者なの。

理解…ということでは、ブラックホールの説明は論理的でなかったね。話のゴール、つまり導きたい結論をきちんとイメージしてしゃべらないと、聞いているほうはなんの説明をされているのかわからなくなってしまうよ。Ｘ線がブラックホールからではなく、降着円盤*から出ていることも説明してね」

投影の間、北原は問題点を細かくメモしてくれている。今日のメモ紙はあと何枚あ

＊降着円盤
ブラックホールなどの高密度天体の周りに形成されるガスや塵の円盤のこと。

るのだろう…。発音や言葉遣いなど具体的な話法から、解説者としてあるべき姿勢まで、事細かに、そして手厳しく指導される。

「何度も言うようだけれど、名古屋市科学館伝統の『対話式の解説』を意識してほしいの。それは見学者の言葉を拾って会話するということじゃない。幼児投影では場内の子どもたちと実際に言葉のキャッチボールをしながら進められるけれど、相手が大人の場合はそうはいかないわよね。そんな場合には、声なき相手の雰囲気を察しながら、日常的な普通の言葉で語りかける。これを私たちは『解説者と見学者との対話』と呼んでいるの。

プラネタリウムでは、見学者を閉じこめてから話を始めるのだから、耳を傾けざるを得ない。しかも真っ暗闇の中、話を聞く感性もいつも以上に冴えているわけよね。だから、解説者は見学者の期待をけっして裏切ってはいけないの。聞く人の気持ちに寄り添《そ》っていない解説―たとえば上から目線だったり、押しつけがましかったり、相手がムッとするような物言いだったら、見るほうは『今夜は自分で夜空を見てみよう』なんて思えないわよね。

解説にはね、今まで人とどのようにコミュニケーションしてきたか、が出ちゃうの。中ちゃんの話し方は緩急がなくて、そよ風みたいに流れていっちゃう。これじゃあ、録音された解説と変わりないわよね」

悔しいが、言い訳できない。

一般投影では、幼児投影の何倍も緊張する。静かな聴衆に「つまらないのかな?」と焦《あせ》る。見学者がなにを面白いと思ってくれるのか、どの程度まで詳しく、あるいは簡単にかみ砕《くだ》いて話せばよいのか、さじ加減がわからなくて逡巡《しゅんじゅん》してしまう。〝対話〟をする余裕なんてない。

「先輩解説者の山田卓《たかし》さんも書いているでしょう。

『夕暮れの音楽の中にどっぷりつかって、西の地平線に沈む太陽を見おくると、ピンクに染まったドームは、ブルーから紫に、いつのまにか一番星が、二番星が、そしてやがて頭上は満天の星におおわれます。

私はプラネタリウムのこの一瞬が大好きです。ドーム内に充満した見学者の心の動きが、解説者自身の心の動きに共振して、暗闇の中でも、それが明らかに解説者には感じられるのです。

共振がおさまった、ほんのひと呼吸あとに、解説者は第一声をスタートさせます。この絶妙な間が決め手なのです。見学者との会話のきっかけが、いいテンポで成立すれば、解説者はこの解説の成功をほぼ手中に収めたといっていいでしょう。

もちろん、解説者が共振できる心の持ち主であることが必要条件なのですが…』」

北原は『プラネタリウムの解説者』の一節を読み上げる。名古屋市科学館の元解説者、山田卓が書き遺《のこ》したこの記事は、同館の解説者のバイブルだ。

「今日は20点くらいしかつけられない。見学者と共振できるよう、しばらく練習に徹しなさい。見る人への配慮が足りないよ」

何度も言われてきた言葉が胸に刺さった。

反省会の後、中島はひとり、ビデオ録画した自分の解説を見る。

確かに全体を通して声や話のリズムが単調だ。

こと座にまつわるギリシャ神話、『オルフェウス物語』の語りもあっさりしすぎていた。竪琴《たてごと》ひきのオルフェウスが、亡くした妻・エウリュディケを追って冥界《めいかい》に行く。あとひと息で現世に戻れるというところで、不安を覚えたオルフェウスが冥王との約束に反して後ろを振り向いてしまい、エウリュディケは冥界に引き戻される、という悲しい話なのだが、抑揚がなくて感動的に聞こえない。結末では「ふたりは二度と会うことがありません。…でした」と言い淀《よど》み、実に格好悪かった。

もうひとつ気になるのが、良かれと思ってにっこり笑顔でしゃべっていた部分だ。どうも声が幼く聞こえる。真顔で話せば真剣味が出るだろうか。

女性解説者として、どんなスタンスで話すべきか、というのも中島の悩みどころだった。先輩の北原政子の解説は、お母さんが昔話を語るような温かな口調だ。20代の自分には、単純に真似できない。かといって、若い女の子然とした甘ったるいしゃべり方や甲高い声では、聞く人の反感を買うだろう。しゃきしゃきと快活な北原と、日頃からゆっくりペースの、「趣味は寝ること」な自分とでは、キャラクターも違う。もとより、北原と中島では、解説者としての動機が異なっていた。

女性プラネタリウム解説者のパイオニア毎日がテストのような日々だった

北原政子が科学館に勤め始めた60年代は、働く女性がめずらしく、「職場の花」「腰掛け」と言われたような時代だ。北原自身、嫁入り前に社会経験を積んでおこう、くらいの気持ちだった。

高校生のとき天文同好会に入ったのも、なんとなくだったのだ。星空ときいて乙女チックな憧れを抱き入部してみたら、これが意外と楽しかった。顧問の先生が、暗幕をひいた暗い部屋で、月や惑星など天体写真のスライドを映しながら解説をしてくれる。イタリアの天文学者の名前や月面のクレーター、火星の運河の名称など、それまで聞いたこともなかった天文用語が、先生の口から泉のように溢《あふ》れ出す。それはまるで、秘密めいた魔法の呪文のようで、心が弾んだ。

短大時代も顧問の先生のところへ、本を借りに、ちょっとした相談をしに、と足を運んでいたら、「名古屋に新しく科学館ができたんだ。プラネタリウムを見てきてごらん」とアドバイスされた。天文係の技術課長と先生が知り合いだった。科学館ならば、学びながら仕事をすることができる。25歳くらいまで働いて、寿《ことぶき》退職しよう。そんな人生設計で科学館の外郭団体である中部科学技術センターに就職し、展示フロアの説明員の職についた。

就職して1年ほどが過ぎたころ、女性のプラネタリウム解説者がいたら面白いのではないか、という話が館内で持ち上がった。64年当時、日本国内で稼働していた大きなプラネタリウムは、東京の五島プラネタリウム、大阪の市立電気科学館、兵庫県の明石市立天文科学館と名古屋市科学館*の4館。うち五島と明石には女性の解説員がいた。名古屋の解説者は男性ばかりだ。

フロア説明員の女性の中でも、天文に関心があるというのはめずらしく、北原に声が掛かる。プラネタリウムに、ずっと好きだった星空にここでも関わることができる、と嬉しかった。誰かが書いた原稿を読むのだから、私にでも十分できる—そう思っていたのだが…。

＊開館当時から89年4月までの名称は「市立名古屋科学館」

「プラネタリウムで解説をする。私たちと同じ仕事をするならば、同じように勉強してほしい」

天文係に配属された日、先輩の第一声はこうだった。

原稿は誰も書いてくれなかった。そもそもドーム内は真っ暗で、原稿など読めやしない。当時から50分の解説を、そらでやらなければならなかった。おまけに「春の星と伝説」「季節とこよみ」「オーロラと北極星」「南太平洋の日食」「わく星の話―ボーデの法則―」「宇宙の生物」「大宇宙のはて」…と幅広いジャンルから毎月新しいテーマを決め、各々で勉強し、それぞれのスタイルで解説する、というのが開館当初から現在まで続く決まりだった。さらには、天文好きが集う「名古屋星の会」*の講座も受け持たねばならない。

もと天文台長、アマチュア天文家、学校教師、私設のプラネタリウムの解説者、科学雑誌の編集者…、はなから知識豊富な専門家揃いの解説者の中で、北原ひとりが「なんとなく」の天文好き。「そんなことも知らないの?」「あれも読んでないの?」と揶《や》揄《ゆ》され、百科事典を隅《すみ》から隅まで読むように、事務室にある大量の専門書を片端から読み漁《あさ》って勉強した。なにかを調べたり、勉強することを仕事にできないかな、と思ってはいたけれど、まさかここまでとは…。トイレで涙を拭《ぬぐ》った回数は数え切れない。

*「天文クラブ」の前身

解説に必要なところだけを本で調べ、他の解説者の真似をすれば、それなりの解説はできた。50分こなせれば「よくやれた、私！」と舞い上がっていた。しかし、回数を重ねるほどに不安が募《つの》ってくる。この程度の解説で本当にいいのだろうか。先輩たちに比べて、自分のやれることはなんと幅の狭《せま》いことか。

このままではつらい、と大学の夜間部に入学し、働きながら教員免許を取った。と思ったら今度は天文係の中から、「仲間として認めるため、我々同様ポストにつく力をつけてほしい」と言われ、名古屋市職員の昇任試験を受けることとなった。女性だからという容赦《ようしゃ》はない。専門職としての試験のため、高度な天文学の知識も問われ、ここでも猛勉強することになった。それが終わると、今度は名古屋市科学館が博物館施設として登録されることになり、文部省（現・文部科学省）検定を受けて学芸員資格を取ることが必要になった。日本天文学会の制度を使って、東京の国立天文台へ内地留学することにもなった。その間も、毎月プラネタリウムで紹介するテーマを勉強し、天文クラブの講座を受け持っている。

学芸員には様々な原稿執筆や、市民からの質問に答える仕事もある。夏休みの宿題に関するアドバイスを求めるものから、

「今年は太陽系の惑星が直列するそうですが、地球は滅亡するのでしょうか？」

「新しくマンションを買うのですが、日照条件について教えてください」

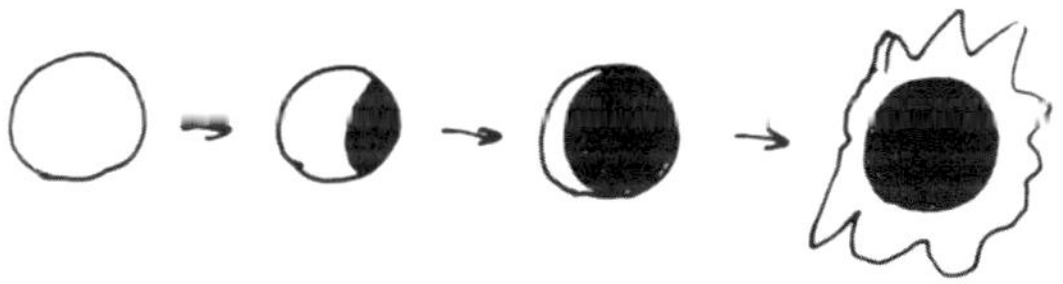

というものまで、いろんな質問が飛んでくる。常にテストに追われているような日々で、気がつくとどっぷり仕事に浸《ひた》って半世紀近くを過ごしていた。

若い頃思い描いていた人生設計とは違う。でも、星を見てほっとしたり、宇宙の果てに思いをはせたり、それを日常として過ごしたこれまでの人生は心豊かなものだった。天文の勉強に関しては何も教えてくれなかった先輩たちは、かわりに北原が人間として成長する指南をしてくれた。先輩たちに導かれたように昇進も果たし、「キッズ・プラネタリウム」や「お母さんのためのプラネタリウム」など世代に合わせたプログラムを作ったことが評価され「プラネタリウムを用いた天文教育の普及啓発」で文部科学大臣表彰を受け、日本プラネタリウム協会の会長にもなったのだった。

プラネタリウム解説は日進月歩
女性解説者ふたり、それぞれの特徴を活かして

星に抱いたロマンが天文学への入り口で、説明員として就職してから血のにじむような努力を積み上げて勉強し、名解説者へと上《のぼ》り詰めた北原政子。星空を眺めるというよりは、宇宙の原理原則を解き明かす科学技術の面白さという、どちらかといえば「男らしい」側面に惹《ひ》かれ、知識を活かすために解説者となった中島亜紗美。同じ女性解説者でも、解説のスタイルをそっくりそのまま踏襲《とうしゅう》する、というわけにはいきそうにない。

中島は、他の天文係の先輩たちの解説を思い浮かべてみた。

最古参の服部完治《かんじ》は、神話や伝承文化に造詣《ぞうけい》が深く、解説台に立った30年以上の間に選び抜かれた最適な言葉と、イメージが膨《ふく》らむ、厚みのある表現で星空を語る。これまた簡単には真似できない領域だ。

服部の次にベテランの毛利勝廣《かつひろ》。知識の幅が広く、ひとつのテーマを様々な角度から解きほぐしていく。器用な解説だ。その日その日の旬の話題が取り入れられ、一日とて同じ解説はない。

40代の小林修二はテンポの良い解説。特に子どもを「フフッ」と笑わせるような楽しい語りは、2児の父ということもあるのだろうか、ピカイチだ。一部からは「科学館の哀川翔」と呼ばれる声もひとつの特徴で、年輩のファンも多い。

30代の持田大作は解説に臨む準備が綿密だ。歯切れよくて聞き取りやすい解説は、途中乱れることがない。持田は、矢印さばきも抜群だ。解説に使う矢印は、懐中電灯のような筒状の投影機で映し出すのだが、これにはなかなかの重量があり、力のない中島ではしっかり脇を締《し》めて持たないと安定しない。投影中、見学者の視線は矢印に集中する。視線の先がフラフラしたりあちこち飛び回ったりすると、気分が悪くなってしまうこともある。不用意な動きは禁物だ。持田の矢印はきっちり直線を描き、止まるところでピタッと固定される。

　中島が最も感覚が近いと感じるのは、係長の野田学。大学の研究室の先輩でもある野田は、天文学の話題に割《さ》く時間が多く、殊《こと》に宇宙の起源の話を得意としている。けれど、話の組み立て方が似ていても、野田さんと同じような話し方をすると、女性の声では違和感をおぼえる、と注意される。

「中島亜紗美の語り」はどうあるべきなのだろうか…。そんな思いを抱きつつ、夕方、いつものように空を観察する。雨が上がったあとの空は澄みわたり、土星も、青白いスピカも、ＩＳＳもよく見えた。

　明日の見学者の皆さんには、このＩＳＳを見つける喜びをちゃんと感じてもらえるようにしよう。

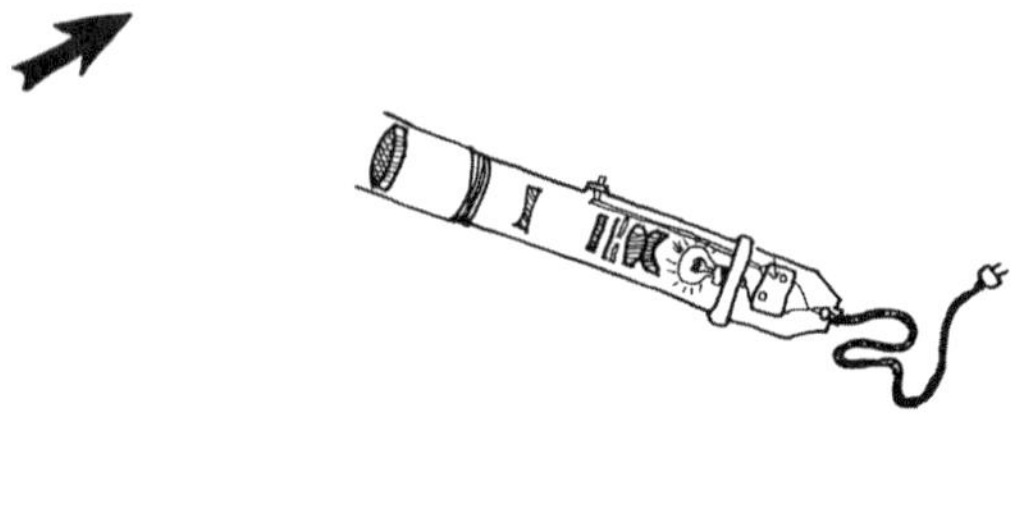

翌日の一般投影。「昨日よりは少しましだったかな」。

翌々日。テコ入れして心理描写を増やした『オルフェウス物語』がうまくいった。物語のあと、しばらく話を止め、夜空いっぱいに出した星座絵を静かに見てもらったのもよかったようだ。50分間熱心に聞いてもらえた、という手応えを得た。

その次の日は失敗だった。頭が働かず、口だけが成り行きに任《まか》せて滑《すべ》っていく。言い間違いや言い淀みが多く、間違ったボタンを押してしまう、話の途中でスライドを消す、などの操作ミスも連発してしまった。

「今の回の投影を観た人は、名古屋市科学館のプラネタリウムは評判ほどではない、と思ってしまうだろうね」

野田天文係長から叱責を受けた。

「期待値が上がっていただけに、残念だよ。改善しようという努力が足りていない。明日までに立て直しなさい」

科学館閉館後、誰もいないドームの中でひとり解説練習をした。「涙が出ちゃうよ」。


そして8月末。

最近、昼食のときにたくさん会話をして口と頭の回転を上げておくと、解説の調子が良くなることに気づいた。昼食後にiPodで大好きなSMAPの曲も聞いて、エネルギー注入はばっちりだ。

「みなさん、こんばんは。今日の夜、8時になりました」

「さあ、東の空の高いところ、天の川が見事ですね。まるで雲のような光が、南から北の地平線まですーっとつながっています。本当は星の集まりです。肉眼で見るとぼうっと薄くひろがっているように見える光ですが、ここに望遠鏡を向けてみると、つぶつぶつぶつぶつぶとものすごいたくさんの星が見えてくるんですね。天の川というのは、私たちがいる星の大集団、銀河系という巨大な星の渦巻《うずま》きを内側から見た姿なんです。そして、この天の川の両側に織姫《おりひめ》星と彦星があります」

その日の夜空に見える星座たちの話をひと通りして、『オルフェウス物語』も語り、月のテーマのブラックホールの解説をした。ブラックホールの話はちょっと熱くなりすぎて途中で何を話しているのかわからなくなったけれど、うん、今日はなんだか達成感があるぞ！

終演後、男の子が「もう終わっちゃったー」というのが聞こえた。拍手はおこらなかったが、お客さんが席を立つのが遅く感じられた。余韻《よいん》に浸ってくれているのだろうか。

「ありがとうございました」とバックヤードに戻る。さっそくテーブルを囲んで反省会だ。

北原から「今日は『good!』をたくさんあげられるわ」、野田係長からも「間《ま》を大事にしていたね。すごく伝えたい気持ちがあるとき、それがきれいな文章にならないことはあるけれど、大丈夫。心から出た言葉が逆に耳に残るものだよ」。二人の褒《ほ》め言葉に中島がわあいと喜んだのもつかの間。

「でもね、等級表現の説明。『明るいほうから1等星、2等星、3等星』と言ったあとに『数字が小さいほど明るい』と言っていたでしょう。これはちょっと理解しにくいかな。それから…」

新旧、女性解説者のふたり。北原は後継の存在が嬉しい反面、女性ならではの悩みがわかるからこその、心配もある。厳しさは愛ゆえだ。北原自身もまた、日々自分の解説を顧《かえり》みている。「上手さ、巧みさだけではないんですよ。聞く人の好みもありますしね。新鮮さ、というのも大事な側面で、私は特に気をつけないといけない部分です」

山田卓は『プラネタリウムの解説者』をこう締めている。

「教育のすべてがそうであるように、プラネタリウムの解説にも王道はありません。常に試行錯誤のくり返しです」

プラネタリウムの新人研修は、長い長い研修の第一歩。中島亜紗美の試行錯誤はこれからも続く。この先ずっと。

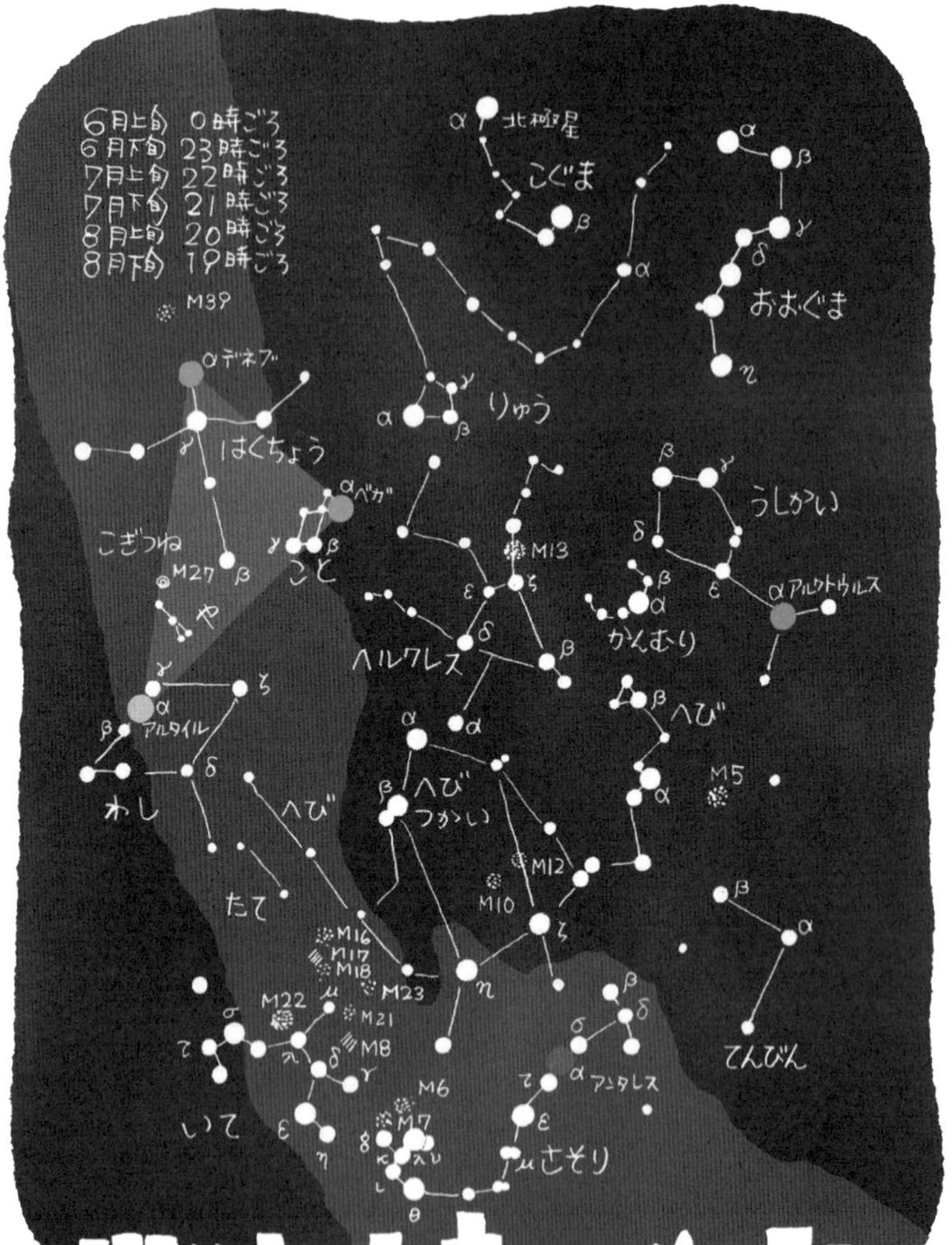

夏の星空

天文係学芸員の星空コラム　　野田　学

夏と言えば「夏の大三角」が有名です。７月の宵《よい》なら東の空に、９月の宵なら天頂付近に見える３つの星をつないだ少し細長い二等辺三角形です。三角の中で一番明るいのが、０等星のこと座のベガです。２番目がわし座のアルタイルで０.８等星、３番目は１.３等星のはくちょう座のデネブです。ベガとアルタイルは天の川をはさんで輝いており、デネブは天の川の中にあります。はくちょう座は天の川の上で大きな十字形をしており、南の方を向いています。そのまま南に下っていくとさそり座で、南の空低くに大きなＳの字を描いています。そのサソリの心臓にあたる赤い１等星が、アンタレスです。


「ハクチョウのしっぽ、おしりに光る星だから、デネブー」

「アンタレスは、元々アンチ・アレス（火星の敵）が言い伝えられるうちにアンタレスとなりました。そのうち、さらに言い伝わっていくうちに『アンタダレデス（あんた誰です）』になっちゃうかも」

ドーム内に笑い声が響く。子どもたちはこんなダジャレが大好きです。笑いで興味を引いて、星を見ることが少しでも好きになってくれれば、とも思うのですが、大人になった友人達からは「ああ、プラネタリウムと言えば、『おしりのデネブー』だよね。あれはよく覚えているけど、後はどんな話を聞いたっけ…」と言われてしまい、ちょっと残念に思うことがあります。おもしろおかしいのではなく、興味深く面白いものとして感じてもらえたら…。


山田卓先生は、プラネタリウムの本質は「知的好奇心をくすぐられ、心が動く面白さ」だと書いておられます。考えてみれば、プラネタリウムのドームに投影されているのはタダの光点です。そこから星空をイメージし、宇宙の広大さを感じ、138億年にも及ぶ宇宙の歴史を考える…すべて人の想像力の成せる技です。これはかなり高度な文化です。

プラネタリウムは夜空で輝くタダの星を、意味のある特別な存在に変える、そんなポテンシャルを秘めています。

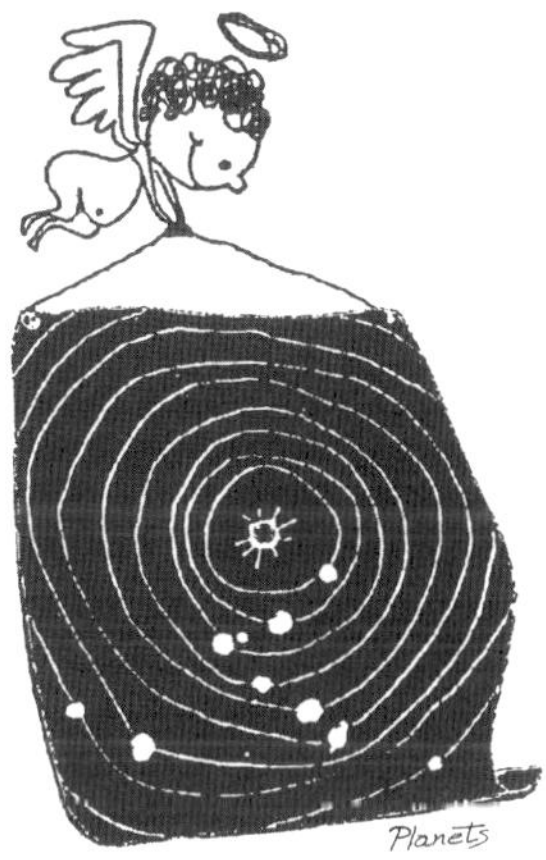

第２章
秋の日はつるべ落とし

目指すのは拍手のおこらない解説
見る人を本物の夜空の下へいざなうベテラン解説者

秋になった。プラネタリウム解説の話題は「中秋の名月」や、ひと足早く冬の「オリオン座」の話に移り変わる。名古屋市科学館の新人解説者・中島亜紗美は、この頃解説に取り入れたやぎ座のパーンの物語が好調だ。この陽気でおっちょこちょいな牧神とはうまが合うようで、語りながら楽しさを感じる。解説終了後には解説台に見学者が質問に来たり、「応援していますよ」と声を掛《か》けてくれたりするようになった。

「夕方、太陽が西の空に沈んでいくと、あたりは次第に薄暗くなっていって、青空がどんどん透《す》き通っていきます。夜になると空が透けて、空のむこうに宇宙が見えてくるわけです」

ゆったりとした、深く落ち着きのある声。中島は、ドームの中で先輩学芸員の服部完治《かんじ》の解説を聞いている。時間のあるときにはできる限り先輩の解説を聞くように言われていた。

服部は、自分の解説を「名古屋市科学館で一番眠くなる解説」と言う。自嘲《じちょう》しているわけではない。彼が目指すのは「拍手のおこらない解説」だ。

「よく晴れた夜、もし可能であれば、街を離れてどこか田舎のほうへおでかけください。名古屋から少し郊外へ出ていただくだけで、空はぐっと暗くなって星の数がうんと増えてくるんです。これだけ星が見えれば、もうほとんどの星座をたどることが可能になります。

ただ残念ながら、今日はだめなんですね。なぜかというと、今日は空に明るい月が輝いています。プラネタリウムではこのお月様、わざと暗く出してあります。でも本当の空では、月はものすごく明るくて、煌々《こうこう》と輝いているんですね。もう半月を過ぎて、満月に近づいてきました。こんなに明るい月が空に出てくると、青白い月の光が空全体を明るく照らし出します。いくら山奥のほうへ出かけたとしてもこういう状態なんですね。

ではちょっとインチキをしまして、月には消えてもらおうと思います。月がなければ、人里離れた山の奥へと足を踏《ふ》み入れると、星空はこう変わるんです」

ドームに満天の星が投影される。

「これが世界最高の星空です。大昔、まだ電気が発明されてなかった頃、たとえば

江戸時代の人々は、月さえなければ毎晩毎晩こういう空を見て生活をしていました。これが、夜の本当の姿というわけです。私たち人間も自然の一部ということであれば、この『夜』という自然現象の本当の姿も、たまには体験していただくとよろしいかと思います。まさに私たちが宇宙のまっただなかに生きている、そんなことが実感できると思います。

そんなわけで、どこか山奥へ星を見に、ぜひお出かけください。そしてそれは月のない夜を選んでください」

「しかし」、心の中でそっと服部はつぶやく。「私にとっては、こんな半月頃が最も都合のよい夜です」。今夜はいい写真が撮れるだろう。

天体写真を撮影する人の多くにとっては、月の見えない新月の夜が活躍どきだ。でもそれは、天体のみを写す場合のこと。服部が撮っているのは、星のある風景を写す「星景《せいけい》写真」だ。月明かりの照明がないと、下界の景色はなかなか写らない。

「実際に野外で星を見るときって、辺《あた》りの風景と一緒に見ている。僕も昔は天体写真を撮って天文雑誌に投稿していたりしたのだけれど、天体写真は機材が揃《そろ》えば誰が撮ってもいい写真が撮れるんだよね。マニアックな天体の写真じゃなくて、普通の人が山に行って、ああ、きれいだなあと思うときの感覚をそのまま写真に入れたいと思ったんだ」

服部が所属する日本星景写真協会について中島が質問したとき、服部はこう話した。だからなのだろう、と中島は思う。街中で見える星空はこのくらい、山奥ではこのくらい、と服部は解説の中で丁寧に比較する。暗くなればなるほど空に星が浮き出てくる、この印象を味わうことで、本当に山奥へ出かけて降るような星空を眺めてみたくなる。そんな、見る者を本物の夜空に誘《いざな》う解説になっていると思う。


「昔の解説者はサムライ揃いで面白かったねぇ」

「服部さんの解説は、どうして今のようになったのですか」と中島亜紗美が質問すると、服部は先輩たちに思いを馳《は》せた。

1962年、名古屋市科学館の開館当時6歳だった服部は、少年時代しばしば科学館を訪れ、高校生になると天文クラブの前身である「名古屋星の会」に入会し、足繁《しげ》くプラネタリウムに足を運んでいる。

「みんなお互いがライバルで、自分の解説が一番だと思ってた。ひと癖《くせ》もふた癖もある人ばかりだったんだよ。僕は物理好きだったから、相対性理論やブラックホールの話を格調高く語る山田博さんの解説が好きでね。よく高校の授業が終わってから、16時の回に滑《すべ》り込んでいたんだけれど、博さんの解説に当たると嬉しかったなあ。態度の悪い客はしかりつけ、少しでも星に興味を持った人には手助けを惜しまない。昔気質《かたぎ》の名解説者だったよ」

名古屋市科学館のことはじめを担《にな》ったのはこの、昔気質の解説者だった。星空に興味を持ってほしい、ただそのことへの情熱で、名古屋のプラネタリウムは誕生したのだった。

戦後の名古屋に生まれた
全国二番目の公立天文台
アマチュアから就任した若き天文台長

名古屋市科学館のプラネタリウムドームに初めて星が灯ったのは、１９６２年の11月。旧ソ連のガガーリンが世界初の有人宇宙飛行に成功し、「地球は青かった」と語った翌年のことだ。

日本では55年頃から企業の設備投資による好景気が続き、名古屋においては以後50年間名古屋駅前のシンボルとなった大名古屋ビルヂングが竣工《しゅんこう》。経済躍進の気運が満ちあふれていた、そんな時代だった。

世界最大のプラネタリウムの歴史は、その10年前、星空に魅《み》せられた青年が切り盛りする、ちっぽけな天文台から始まった。

その天文台─東山天文台は、52年の春、北海道旭川市の旭川天文台に次いで全国2番目の公立天文台として、名古屋市東山公園の一角に産声をあげた。終戦から7年の、衣食住の確保が最優先だったさなか、その誕生は実にひそやかなもので、正確な日付も記録されていない。

名古屋の中心地から東に10キロほど離れた場所に位置し、動植物園が現在も子どもたちでにぎわっている東山公園。終戦後の日本で唯一ゾウが生き残っていた東山動物園には、全国から子どもたちが貸し切りの夜行列車「ゾウ列車」で来園し、50年には「子ども天国博覧会」が開かれて大盛況を博した。

名古屋市は不思議と、天文学に縁のある土地らしい。「市民に宇宙への夢を」─。名古屋市はこのときの利益を天文知識の普及に使おうと決め、博覧会パビリオンのひとつであった「天体館」に15センチ屈折望遠鏡を設置し、天文台として一般市民に公開することとなったのだった。その台長にと、白羽の矢が立ったのが山田博だ。

自分が天文台長になる――。当時25歳の山田博には、思ってもみないことだった。確かに、アマチュア天文家として活動はしていた。でも山田の本職は、時計の製作会社で新製品を試作設計することだ。学校で天文学を専門に学んだわけでもなく、就職前は航空工業学校で飛行機の設計を学んでいた。

山田は岐阜の料理旅館で育った少年時代、官僚や政治家が芸者を追いまわしどんちゃん騒《さわ》ぎをする姿に嫌気《いやけ》がさし、夜な夜な家を抜け出して木曽川のほとりで夜空を仰《あお》いでいた。田舎の、満天の星だ。その美しさ、不可思議さにのめり込み、自然と趣味が高じていった。しかし、プロ、しかも公共施設の職員として、自分に正しい普及活動ができるのだろうか――。

悩みに悩んだ末、腹をくくった。ふさわしい勉強を重ねて、プロになるのだ。

転職を決断した山田は、開設準備に取りかかった。まず頭を悩ませたのが、天文台のつくりだ。「天体館」のドーム天井には、なんと星空をのぞくスリットがあいていなかった。だから博覧会期間中は、横浜市から借りた天体望遠鏡を水平に置いて、地上の風景だけを見せていたという。星を観測するには、大幅な改修の必要があった。

前例がほとんどない中、もうひとつ困難だったのが、望遠鏡の「赤道儀」架台の据《す》えつけだ。赤道儀は天の北極を中心に日周運動をする星たちを追尾する装置で、これを備えることで正確な天体観測ができるようになる。しかし、どう設置すればいいものやらわからない。

幸運なことに、東山のすぐそばにある名古屋地方気象台の柴田台長が、たまたま京大の宇宙物理学科出身だった。貸してもらった、厚さ5センチほどもある英語原文の専門書を読み解きながら、こつこつと作業に取り組んだ。

様々な苦労の末、世間の脚光を浴びることはなかったものの、東山天文台は国際天文学連合の認める正式な観測機関としてスタートを切った。57年には世界最初の人工衛星・スプートニク1号を観測。続けてライカ犬が乗ったスプートニク2号も観測し、その明るさを他の星と比べて記録した結果が、モスクワ大学や米国のスミソニアン天文台からも評価されたのだった。

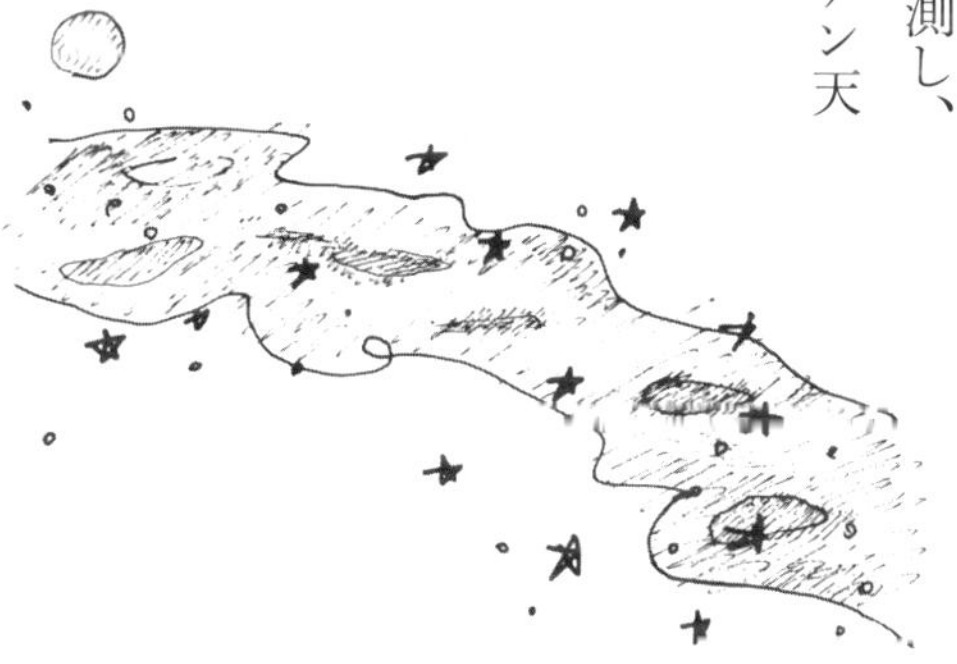

対話式プラネタリウムの原点
東山天文台の簡易プラネタリウムで感じた生解説の力

59年の春、東山天文台にプラネタリウムが現れた。プラネタリウムといっても、ドーム直径はたった5・5メートル。竹を鳥かごのように編んで組み立てた骨組みに、白いボール紙をスクリーンとして貼りつけた手づくりのドームを、1階展示室の天井からつり下げたのである。

東山公園の春まつりの中での催事だった。プラネタリウムの機械は直径80センチほどで、これも当時豊橋市で私立の天文台を運営していた金子功による、ブリキ板に小さな穴を開けてつくったお手製品だ。穴を通った光がスクリーンに映って星のイメージをつくる、ピンホール式である。3等星までの星や主な惑星が投影できるようになっていた。

この頃、プラネタリウムはまだめずらしいものだった。

ドイツのカール・ツァイス社が近代プラネタリウムの元祖、ツァイスI型機を発表したのが1923年。森羅万象を実物か、もしくは実物大の模型で見せたいと考えたドイツ博物館の依頼にツァイス社が、丸天井にプロジェクターで星を投影するというアイデアで応《こた》えた。ツァイスの技師たちはドイツの星空しか投影できないI型機に満足せず、さらに改良を加え、2年後には、北極から南極まで世界中の星空が投影できるII型機が公開された。過去や未来に自在に行き来することもできる。全世界の星空が再現できるとあって、米国、イタリア、ロシア、アルゼンチン、オーストリア、オランダ、スウェーデン…と世界の各都市が競い合うようにプラネタリウムを設置した。

日本には37年の春初めて、大阪の市立電気科学館に、世界で25番目のプラネタリウムがお目見えした。翌年には東京・有楽町の東日会館にもプラネタリウムが設置された。日本に2台しかないプラネタリウムは、当

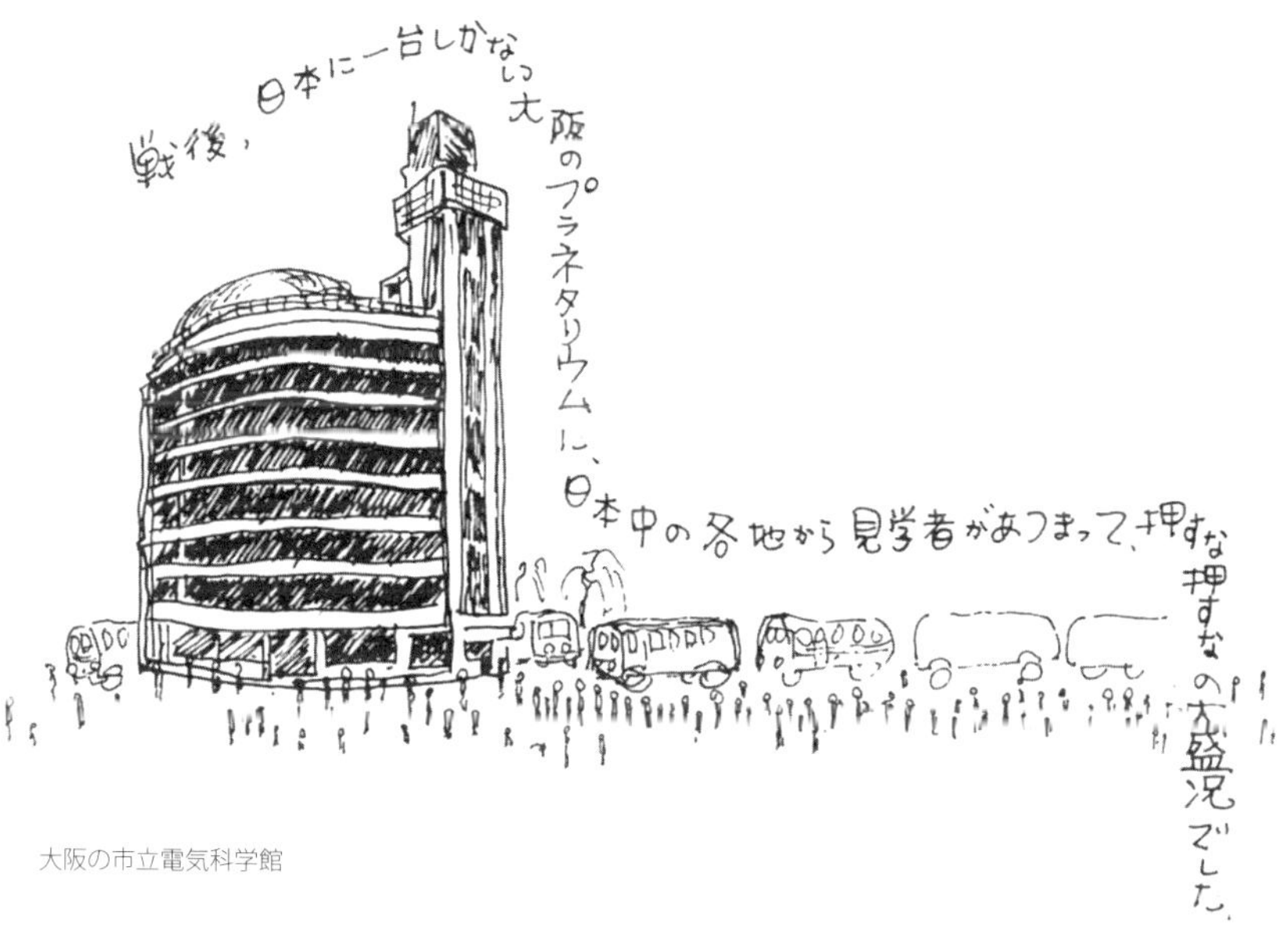

大阪の市立電気科学館

時「電気という目に見えない奇妙な力で星をつくる機械」「一生に一度は見ておきたいめずらしい見世物」として好評を博したが、東京のプラネタリウムは45年の大空襲で焼け落ち、戦後約10年は、大阪のプラネタリウムが日本唯一のプラネタリウムとして活躍していた。北海道や九州からも見学者が訪れ、一時は年間入場者数が70万人にもなって収容能力の限度を越えるほどだったという。

そして56年、渋谷に「東洋一の星の殿堂」と銘《めい》打《う》って五島プラネタリウムがオープンした。東急文化会館の8階に、当時の東急電鉄会長・五島慶太の名をとって建設された民間運営の施設である。この五島プラネタリウムの誕生を受けて、名古屋でもプラネタリウム設置の話が動き始めたのだった。

東山天文台春まつりの、簡易プラネタリウムもまた好評だった。客席として使える椅子がなかったので、一度に30人ほど入場し、立ち見をしてもらっていた。そんな環境でも、ほとんどの観客が20分ほどの生解説を最後まで聞いてくれた。拍手が沸《わ》き起こることも何度かあった。

観客の多い日曜日には、十数回解説をくり返している。解説をするのは、天文台長の山田博ひとり。最初は張り切っていたのだが、そうこうするうちにさすがに声は枯れ、喉が痛くなった。

そこで、当時開発されたばかりのテープレコーダーを登場させた。解説を録音し、自動解説とする。それならば毎回自分で話をしなくても済む。高価なその機械は、隣《となり》の動物園から借りてきた。アルバイトの学生に星座などを示す矢印の使い方を教え、「明日からはこれでよし」とほくそえんでいたのだが……。

—おかしい。

簡易プラネタリウムを確認しにいった山田は、来場者の様子に焦《あせ》りをおぼえた。ほとんどの人が、ドームの入り口から中をちょっとのぞいては、ぷいと立ち去っていってしまうのだ。

解説テープのできは良いはずだった。季節の星座の案内や、星座にまつわる伝説、最新の天文学の話題。定番のメニューに、思い及ぶ限りの面白い話を詰め込んだつもりだ。バックにはシベリウスなどのクラシック音楽を入れ、雰囲気づくりにも気を配った。しんと静まりかえった深夜の天文台で録音作業を行ったのだから、まさか耳障《ざわ》りな雑音も入っていないはずだ。

なにがいけないのだろう。さては、夜中に録音したから、臨場感が足りないのかな。

そこで、いつも通りの生解説を録音し、流してみた。やはりお客さんは立ち止まらない。

ひょっとすると、アルバイトの矢印の使い方が悪いのか。

今度は解説テープにあわせて、山田が矢印を操作してみた。やっぱりだめ。お客さんは逃げてしまう。

テープの録音と生解説ではこうも違うものか。その場その場の雰囲気をつかんで話すことが、いかに人の心に訴《うった》えかけるものなのか、肌身で感じた体験だった。

科学の殿堂を目指して建設された名古屋市科学館プラネタリウム解説者の哲学は開館当初から大切に受け継がれた

一方、名古屋にプラネタリウムを建設する計画は、ドイツ製プラネタリウムを購入しようと、二つの企業がまったく同時に通産省へ外貨割り当てを申請し、政治も絡《から》んで泥沼の様相を呈《てい》していた。そのうち「プラネタリウムは市が導入する」と名古屋市が仲裁に入り、市制70周年記念事業という建て前で科学館が開設されることが決まる。「東山天文台長を建築局兼務とし、導入するプラネタリウムの調査を始めるように」との辞令が山田におりた。

様々な検討を重ね、ツァイス社の最新機「Ⅳ型」が科学館に納入されることとなった。当時、日本に設置されたツァイス社製プラネタリウムは、名古屋市より2年早くオープンした明石市立天文科学館も入れて、全国に3機のみ。名古屋が4番目となった。

開館当時のツァイスⅣ型

ぼうぼうと身の丈ほどの草が生い茂る荒れ地に、山田博は立っていた。点々と姿を覗《のぞ》かせるコンクリートの壁の残骸に、はげかかった緑のペンキがやけに鮮《あざ》やかだ。ここは中区の白川公園。太平洋戦争で空襲に遭《あ》い、周辺が焼け野原になったあと、58年まで米軍のキャンプ地として使用されていた。

山田の隣に、清水勤二が立つ。名古屋工業大学の学長であった清水は、科学館建設委員会の中心人物として展示内容を含め科学館設立の草案を書き、初代の館長になった。清水は山田の手をとり、しっかり握るとこう言った。

「ここへ科学館を建てるんだ。行政の行う事業だから、お役所仕事に腹の立つことも多いだろう。でも、日本の、いや世界人類のためと思ってがんばってほしい。青少年の心に創造の精神を植えつけるんだ」

清水初代館長は科学館建設に心血を注ぎ、関係者の多くがその熱意に尊敬の念を抱いていた。

59年10月の着工直前、伊勢湾台風が来襲し、東海地方に大きな被害をもたらした。科学館の建設計画は先送りになり、名古屋市内で新築中だった、山田の平屋建ての家も吹き飛ばされてしまった。科学館は天文館と、物理や電気工学など理工系の展示を備えた理工館の二棟でオープンするはずであったが、まずは天文館を完成させ、2年後に追って理工館を建設するということになった。清水館長は、落成した天文館を見ることはできたものの、理工館の完成を待たずに病死し、当時の杉戸名古屋市長がかわりに館長を務めた。

「子どもたちの科学する心を育む『科学の殿堂』をつくる」

そう清水館長と約束した山田は、その日からただ黙々と展示品製作を進めていったのだった。

天文係には、5人のスタッフが揃った。係長になったのは、交通局からやってきた平沢《ひらさわ》康男。地下鉄の設計者だったが、変光星の観測をアマチュアの立場で行っていた。永田宣男《のぶお》は、岐阜の水道山にあった民間のプラネタリウムで解説者をつとめていた唯一の経験者。名古屋に大きなプラネタリウムができると聞きつけ、志願してやってきた。滝本正二はもと学校の理科の先生。そして、「山田」がもう一人。科学雑誌の編集者をつとめていた山田卓《たかし》だ。高校時代、つぶれかけの天文部に名を貸すだけのつもりが、いつしか天文観測という〝夜遊び〟にどっぷりはまり、学校教師を経て、東京の出版社に就職した、という経歴の持ち主だった。

プラネタリウムドームの骨組み

建設中の旧名古屋市科学館天文館

科学館がオープンする前、5人は話し合いをもち、現在にまで続く解説の方針を決めた。

ひとつは、対話式の生解説であること。

当時は、映画の弁士のように「東に見えるはアルデバラン、ごらんください、その上にあるはプレヤデス～」と朗々《ろうろう》と語る解説が一般的だった。講談ではなく、普通の話し言葉でその日その日の旬の話題を話す。一日とて同じ解説はない、そんな解説をしよう。みんなでそう決めた。

もうひとつは全員が「解説員」ではなく、「解説者」であること。

誰かが書いた台本を読むのではなく、個々人で考え、個々人の表現で解説をする。「生身の人間が人間を相手に説明をするのだから、解説者の人格も相手にぶつけなくちゃあいけないんです」。生々しい声で話しかけなければ、相手には届かない。東山天文台の簡易プラネタリウムでの体験を経ての、山田博の持論だ。解説は5人5通り、この考えがのちに北原政子にも適用されるのだった。

それから毎月ひとテーマを全員で決めること。50分間の投影のうち、30分はその日の星空について話し、残り20分はこのテーマに沿《そ》って話す。開館最初の月は「11月の星空と月世界旅行」翌月は「クリスマスの宵空と月世界旅行」年明けた1月は「南十字星を訪ねて―南米の金環食―」2月は「火星近づく」3月「四季のうつりかわり」

1962年完成直前の名古屋市科学館天文館。周囲には何もない

4月「オーロラをさぐる」。開館から現在まで、同じ内容はほとんどない。

そうして62年11月。名古屋市科学館天文館が無事落成した。今ではお向かいの名古屋商工会議所をはじめ周辺にビルが林立しているが、当時は建物がまばらにしか建っておらず、何もない空地にぽーんと、銀色のお椀《わん》のようなドームが乗っかった建物が突如《とつじょ》現れたという様相だった。広小路《ひろこうじ》通りを走るバスの窓からは、その姿全体を眺めることができた。

プラネタリウムはドーム内径が20メートル、観客席は450席と、この当時も世界最大級であった。

「解説者ひとりひとりが、個々人の表現で星空の案内をする」。それが名古屋市科学館

プラネタリウムの方針だったから、機械の操作も自分で行う、ということになっていた。解説台《コンソール》には数十個のスイッチがある。5人それぞれ、暗がりの中スイッチを自分のタイミングで入れたり切ったりしながら話す練習を重ねてきていた。

　ところが、開館初日にさきがけた、関係者向けの内覧会の日の朝。突然、オープンを目前に不安になったのだろうか、上から「解説者ふたりでペアを組み、ひとりが解説、ひとりが機械の操作を行うように」との指令がくだった。投影初日で、いきなりそんなことができるわけがない。解説者一同、不安に駆《か》られた。

　プラネタリウムの観客席には、科学技術庁長官をはじめ、政財界、官学会のお偉方が大勢腰かけていた。初めての解説担当者は、建設業務を担ってきた山田博だ。

　名古屋市科学館のプラネタリウムが、記念すべき初めての夕暮れに照らされる。ドームの下辺、地平線にあたる

科学技術庁長官（当時）を迎えての開館式

開館を知らせるポスター

部分には、金属板を切り抜いて作った名古屋城やテレビ塔など名古屋の風景のシルエットが、ぐるりと影絵のように貼ってある。その西の地平線に、静かなムード音楽とともにゆっくりと沈む太陽を見送るはずが…、太陽はお偉方の頭の上を猛《もう》スピードで沈み、あっという間に暗くなってしまった。機械の操作を担当したメンバーが、懸念《けねん》どおり、スイッチを間違えてしまったのだ。

「秋の日はつるべ落としと申しますが、あっという間に太陽が沈みまして…」

冷や汗まじりのそれが、プラネタリウムドームに初めて流れた声となった。

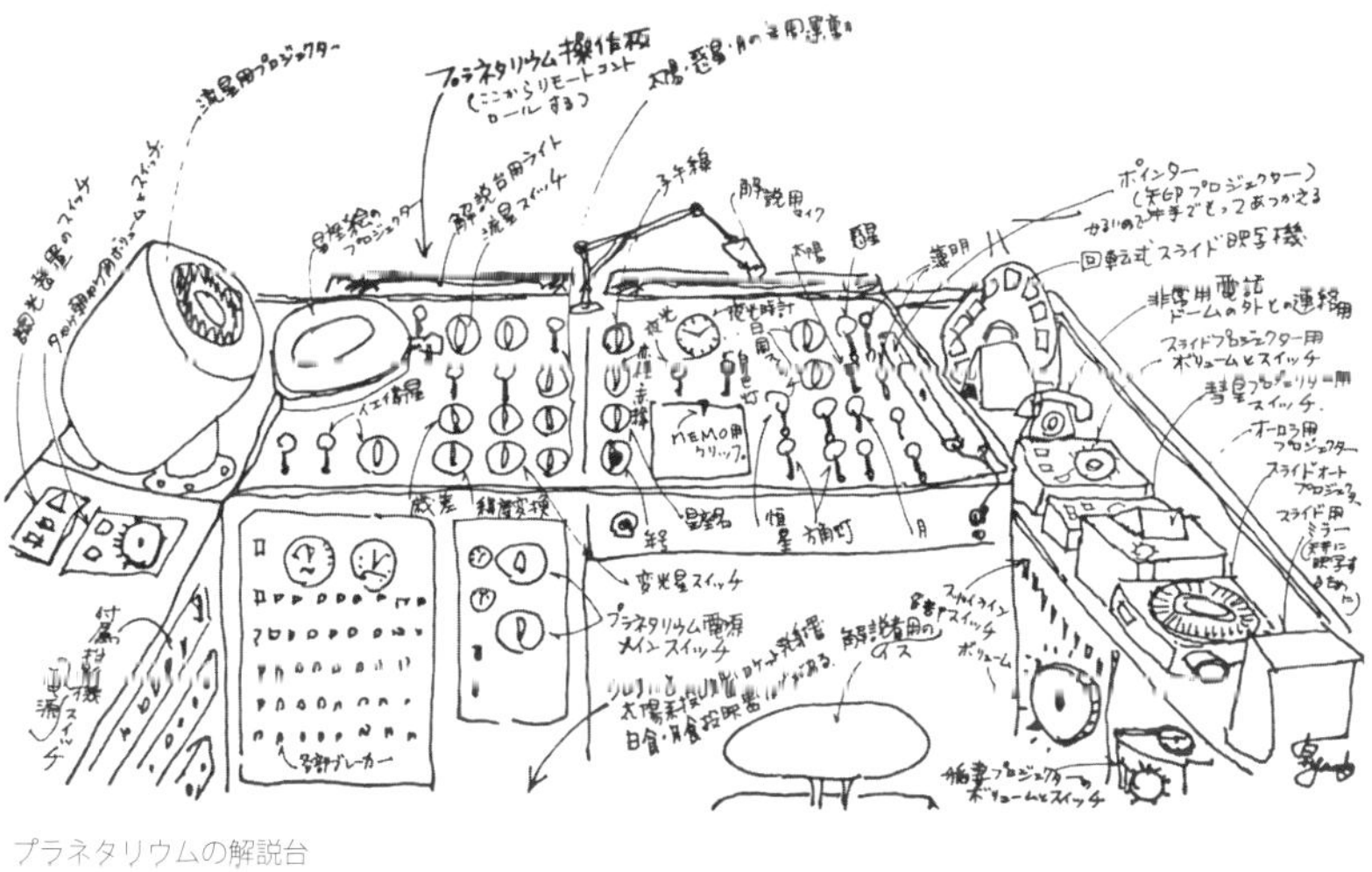

プラネタリウムの解説台

星のある風景を求めてプラネタリウムで伝えるのは科学だけではない

「山田博さんは骨の髄《ずい》まで天文学の人だったね」

服部完治が天文係に入ったのは、81年のこと。奇《く》しくも山田博が退職したあとのポストについた。

「君にこれをあげよう」

就職してからしばらく経《た》ったある日、嘱託《しょくたく》として科学館に残っていた山田博から、服部は封筒にくるんだ何かを手渡された。無造作に包まれたガーゼの中から出てきたのは、L字型の小さな単眼鏡。それはスプートニクの観測に使用された、人工衛星観測用の望遠鏡だった。

「僕は山田博さんの語る天文の話に憧れて、大学では天文学を専攻したんだけれどね。学生時代のあるできごとで宇宙へのアプローチが変わったんだ」

それは大学の天文同好会の、新入生歓迎観望会の夜のことだった。

山に入ると後輩たちが早速、望遠鏡を組み立て撮影を始め、ほとんどが経験者である新入生たちもめいめい好きなように写真を撮り始めた。当時は3年生くらいだったろうか。服部がその脇でシートに寝ころんで星を眺めていると、隅のほうで女の子たちが4、5人、いかにも手持ちぶさたな様子で立っている。参加者の中でこの子たちだけがカメラを持っていなかった。時々、流れ星が出たと言って騒いだりしていたが、どうにもつまらなさそうだ。

「カメラ、使ってみる?」

服部が話しかけると、女の子たちは目を輝かせた。星座早見盤を手渡し、彼女たちの質問に答えているうちに、新入生の女の子がぽつりと言った。

「天文同好会に入っても、カメラを持っていないとすることがないんですね」

服部は頭を殴《なぐ》られたような気がした。彼女は星を見ることにロマンチックな憧れを抱いて、観望会に参加した。それが、同好会にいるのは「フィルムがRからクロームに変わった」とか「極望のない赤道儀はただの台だ」とか、わけのわからないことをしゃべるマニアばかりで、ついていけないというのだ。

それまで自分がやってきたことを否定されたような気分だった。機材を揃え、天体の写真を上手に撮る。そればかりに終始して、自分なりに星を眺める楽しみをどこかに置いてきたのではないか。子どもの頃、胸を高鳴らせて眺めた星空はどこにいったのだろう。思い出の風景が、とても侘《わ》びしいものになってしまったように思えた。

　人間が普通にきれいだと思う「星のある風景」とはなんだったろうか。それを追い求めているうちに、服部の関心は自然と、民俗学や神話学、心理学から宇宙を考えることに移っていった。

「昔の人は星を見て、空に穴が空いていると感じていました。神様の国の光が、その穴から漏《も》れてきていると考えていたのです。昔の人々はそんな夜空に、神様や動物の姿を落書きして、それが星座になりました」

　最新の天文学も古代の神話も、同じく文化として対等に扱いたい。そんな思いから、服部は天文学の動向を追いつつ、神話や伝承文化の語りを磨《みが》いてきた。夜は本来おどろおどろしいもの、すべてを白昼にさらす科学だけで語られるものではない。「ぼくはどこからきたの」「死んだらどうなるの」宇宙論につながるような問いかけには、神話を借りて答えるというやりかたもある。

「暗い話をすると、拍手は起こらないんだけれど、みんななかなか席を立たないでしょう。映画の後のように余韻《よいん》を楽しんでもらう、それを目指しているんだ」

山田博も天文学一辺倒《いっぺんとう》だったわけではない。「山田さんが物静かな口調で語る星座神話が印象的でした」と語る昔からのファンもいる。ディズニー映画『ファンタジア』に感激して、開館の年から毎月一回、夜間のプラネタリウム・コンサートを始めたのも山田だった。

このコンサートが縁で、プラネタリウムで結婚式を挙げたカップルがいる。後に公共施設の私的利用はいかがなものかとクレームがついた、最初で最後の結婚式だ。牧師役は山田が務めた。おめでたい日の解説に、主役として選んだのは南極老人星《カノープス》。シリウスに次いで明るい星・南極老人星は、古代中国で「寿老人」という神様の星とされ、人間の寿命をつかさどり富や好運を授《さず》けてくれる星といわれた。「お二人がともに白髪《しらが》になるまでお幸せに」そんな願いのこもった解説だった。

「プラネタリウムは、単に星や宇宙に関する科学的な知識を得られる場としてではなく、天文・宇宙科学に対する興味と関心を喚起し、現代社会でともすれば忘れられがちな心の中の宇宙観の確立、拡大をはかる場としての役割を忘れてはならない。正しい宇宙観は、その人のゆたかな人生観を育てる基礎となるからである。

正しい宇宙観は、知ることより実感することが大切であることはいうまでもない。したがって、プラネタリウムにおける解説の内容も、演出についても、星や宇宙を実

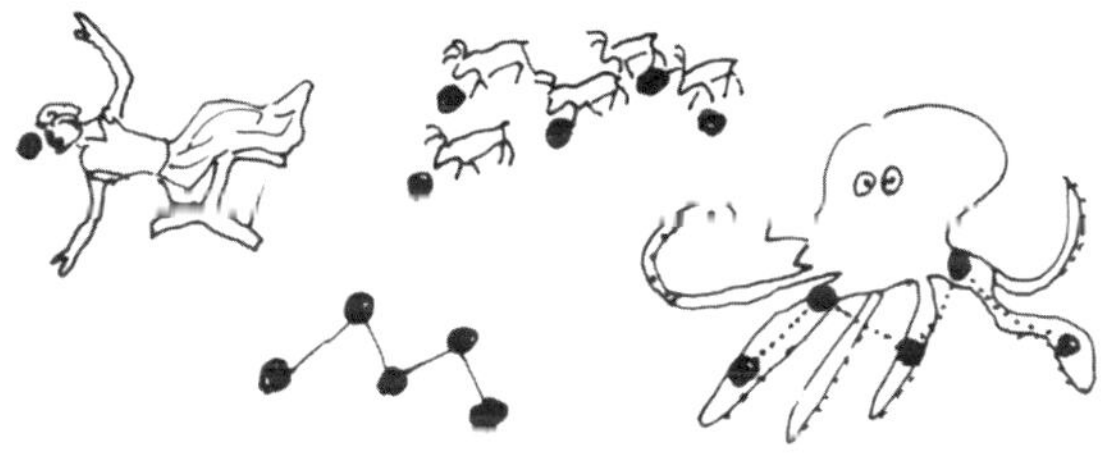

感するための導入であり、そのための理解を深めるものであるよう努めた」

名古屋市科学館の開館20周年記念誌には、こう書かれている。科学教育を担《にな》う施設として、プラネタリウムを通じて豊かな心を形成する、というのは天文係共通の目標でもあった。

そうして「秋の日はつるべ落とし」から50年が過ぎた。

「プラネタリウムの外で何をしているか、が重要だよ。先輩たちはそれぞれ自分の世界を持っていて、深みのある解説をしていたね。

もうひとりの山田さん、山田卓さんの時代になってからは特に、様々な趣向を凝《こ》らした解説ができるようになって、プラネタリウムの間口が広がった。だから僕は本でもマンガでも音楽でも、幅広く興味を持ってほしいと思うよ。まあ、その話はまた、飲み会のときにでも話そう」

服部が笑って言う。

秋の日はつるべ落とし。宵《よい》の長い季節がこれから始まる。

旧プラネタリウムの解説台

開館当初の天文展示

秋の星空

天文係学芸員の星空コラム　　　　小林　修二

秋の星空は、夏や冬に比べると明るい星が少なく、少し寂《さび》しげです。しかし、天気を考えると、秋晴れで空気の澄《す》んだ日も多く、星を見る条件は良いです。また「秋の四辺形」さえ見つけられれば、それを目印に多くの星を見つけることができるので、目的の星を見つけやすい、分かりやすい星空といえるかもしれません。

11月中旬の夜8時頃、空高く、頭のてっぺん近くを見上げると、目立った4つの星が大きな四角形を描いています。腕《うで》をいっぱいに伸ばして手を広げると、その手でなんとか掴《つか》めるように見える程度の大きさのこの四角形を、「秋の四辺形（四角形）」と呼びます。秋の四辺形はペガスス座のからだの部分にあたり、南の方角から見上げると、ペガススが頭を下に、逆さま向きで西の空に駆《か》けていく様子が見えてきます。

ペガススの前脚のつけねと首のつけねの星を結んで、南の空にまっすぐ延ばしていくと、明るい星が見つかります。みなみのうお座のフォーマルハウトで、秋の星空で唯一の1等星です。

ペガススの背中とおへその星を結んで、北の空に延ばしていくと、今度はWの形をした星の並びが見つかります。これがカシオペヤ座です。2つの山が並んだような形をしており、両端の線を延ばして出来た大きな山のてっぺんの部分と、2つの山の中間の凹んだところを結んで北に延ばしていくと、北極星が見つかります。

一方、ペガススのおへそと背中の星を結んで、南へのばしていくと、明るい星がひとつ見つかります。くじら座の尻尾《しっぽ》にあたる星・デネブカイトスです。ここには大きなおばけクジラのくじら座があります。

ペガススのおへその星は、「アルフェラッツ」と呼ばれ、「馬のへそ」という意味です。その星を頂点に、アルファベットのAの形に星が並んでいるのが見つかれば、「アンドロメダ座」のできあがりです。アルフェラッツがアンドロメダ姫の頭の位置にあたります。さらにアンドロメダ姫の足下には、ペルセウス座が見つかります。アンドロメダ姫は、おばけクジラに食べられそうになっている姿で描かれています。その姫を助けるために、天馬ペガススにまたがった勇者ペルセウスが登場する、そんな大きな物語が秋の星空には描かれているのです。

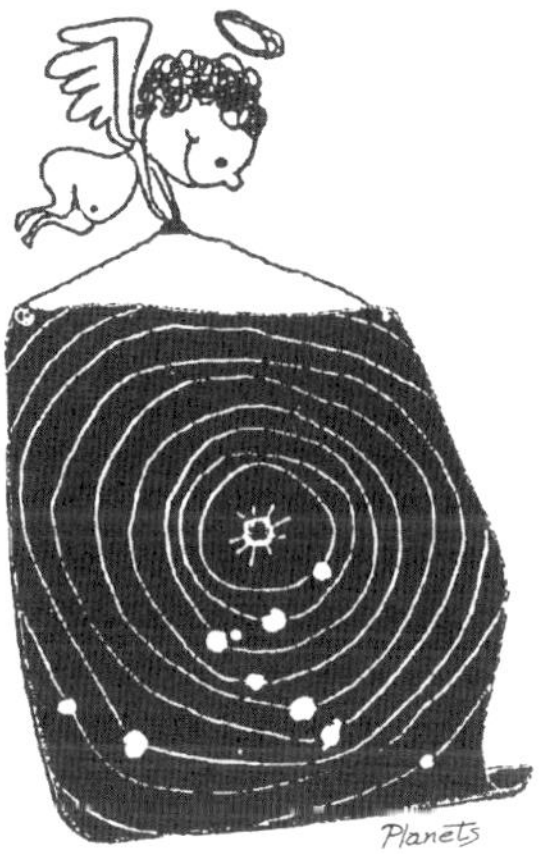

第３章
科学館の子どもたち

アポロとプラネタリウム
名古屋市科学館に育てられた子どもたち

1985年、名古屋市科学館での仕事を終えたプラネタリウム解説者の永田宣男が、電車で2時間かけて岐阜の自宅へ戻ってくると、電話が鳴った。

「おい、晴れてるぞ。出てこい」

同僚の山田卓《たかし》からだった。車に乗り込んで、また名古屋に向かう。

科学館に着くと、山田卓が笑みを浮かべて待ちかまえていた。鍵をあけて屋上にあがった。完成したばかりの65センチ望遠鏡をふたりで覗《のぞ》き込む。夜中の科学館で、子どものようにはしゃぐふたりの解説者。後輩たちを育てたのが、とにかく星が好き、という彼らの想いだった。

2013年冬。毎月、機械調整のため休館日となる第3金曜日。中島亜紗美は、天文係の他の5人と、来月、プラネタリウムのテーマ解説で使う映像を見ている。

プラネタリウムで使う映像は基本的に、天文係の学芸員がハンドメイドで作る。プロデューサー役は毛利勝廣《かつひろ》。スタッフそれぞれの得意分野が生かせるように役割を割り振る。宇宙や天体の最先端の話題を紹介するのであれば、天文学の研究室出身の野田学、持田大作、中島。オーロラ、惑星、地学に関わるものなら毛利。神話や人文学的な内容なら服部完治、気象関係なら気象情報会社出身の小林修二。CG制作やプログラミングは若手スタッフに振り分けられることが多い。

科学的に精度が高く、最新の内容を盛り込んだ映像は、テレビ局から提供を求められることもあるほどだ。

ふとドームの壁側を見ると、鈴木雅夫学芸係長がいるのに気がついた。鈴木係長はもと天文係で、名古屋市科学館が新館にリニューアルする際、新館建設担当となり、その後学芸係に移った。異動後は解説をすることはないが、時折中島の解説を聞いてアドバイスをくれたりもする。

ドーム内が明るくなったので、鈴木係長に挨拶《あいさつ》し、雑談ついでに

「そういえば鈴木さんと毛利さんって、同じ年に科学館に就職したんですよね？」

中島が聞くと

「そうそう、腐《くさ》れ縁でねぇ。高校も一緒、部活も一緒、2年のときはクラスも一緒だったんだよ」

「えーっ！そうなんですか？」

「そうそう、気持ち悪いでしょー」鈴木はにやっとする。「野田天文係長も、学芸係

の山田くんも同じような出自でね」

「え、え?・野田さんも山田さんも?」

現在の名古屋市科学館を動かしている係長クラスの学芸員たち。彼らは名古屋市科学館で育った、いわば科学館の子どもたちである。


「一人の人間にとっては小さな一歩だが、人類にとっては大きな飛躍《ひやく》である」

月面に足を踏《ふ》み出したニール・アームストロング宇宙飛行士が、歴史に残るこの一言を発したとき、鈴木雅夫は6歳だった。

アポロ11号から切り離された宇宙船「イーグル号」が月面着陸したのは1969年7月20日。鈴木はそれをテレビで見ている。ちょうど同じ年に、幼稚園で名古屋市科学館のプラネタリウムを見に行った。初体験のプラネタリウムで「アポロはここに着陸したのです」と月を指し示した矢印と、テレビで見たアポロの姿とが、頭の中でぴたりと重なった。鈴木

66年に天文館の隣に本館(理工館)がオープンし、科学館は名古屋のランドマークになった

の宇宙への扉は、かくして開かれたのである。
開館当時は雨が降ると、「今日は星が見えないのでお休みですか？」と問い合わせがあったプラネタリウムも、この頃にはすっかり市民に定着し、科学館は若者に定番のデートスポットとなっていた。特に子どもたちには、ボタンを押すといちご、バナナ、パイナップルなどの香りが漂《ただよ》う「匂《にお》いの展示」をはじめ、手を動かして体験できる様々な機械展示が楽しい遊び場だった。エレベーターガールが乗っていない、自分でボタンを押せるエレベーターも当時の子どもにはめずらしく、それだけでもう胸をワクワクさせたという。

鈴木はその後春日井市に引っ越したので、名古屋市科学館とはしばらく縁遠くなったが、その間も宇宙への関心は成長とともにぐんぐん高まった。小学3年生のとき、「ミックマック」というおもちゃの光学機器を手に入れた。レンズ、ミラー、チューブを組み替えると望遠鏡にも顕微鏡にも潜望鏡にも作り替えられるというよくできたおもちゃで、月のクレーターもぎ

匂いの展示

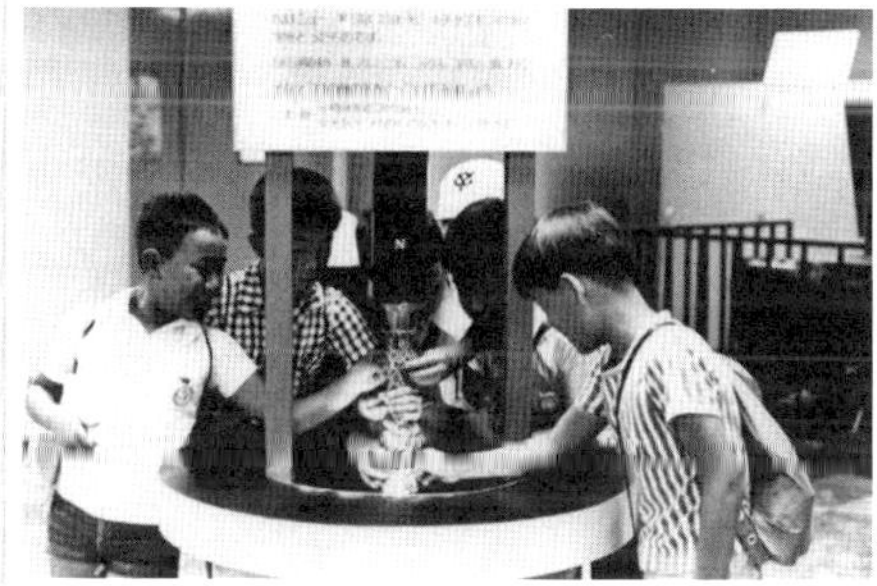
展示室は子どもたちで賑わった

りぎり見ることができた。夢中になってアポロの降り立った月面を眺めたことを覚えている。小学6年生で念願の天体望遠鏡を手に入れると、今度は星を見るだけでは飽《あ》き足らなくなり、お小遣いをためて中学1年で一眼レフカメラを購入した。晴れた夜はいつも、望遠鏡を眺めながらカメラのシャッターを切る。天文雑誌に投稿した夕日の写真は誌面掲載され、誇《ほこ》らしかった。

中学ではサッカー部だったけれど、高校は天文部のあるところへ行こう、と名古屋の高校を受験した。そこで同級生として出会ったのが、その後数十年ともに歩むことになる毛利勝廣だった。

毛利少年もまた、69年にアポロの月面着陸をテレビで眺め、名古屋市科学館のプラネタリウムで幼児投影を見ている。そのときのことは鈴木ほどはっきりと覚えていないが、その後数え切れないほど何度も科学館に足を運んだ。小学4年生のときには12ヶ月の一般投影をすべて見学した。

理科全般が好きで、特に天文だけが好きだったわけではない。当時、名古屋市科学館には天文ファンのための「天文クラブ」と、それ以外の科学を扱う「サイエンスクラブ」とがあったが、天文クラブは混んでいたのでサイエンスクラブのほうに入会した。

けれど、プラネタリウムに通いつめていたおかげで、星空には自《おの》ずと詳《くわ》しくなった。小学校で星の動きを観察する、という宿題が出たことがある。友達はベガなど空高い位置にある星を選んで苦労していた。毛利は科学館の星座早見盤を使って、ちょうど観察しやすい高度で動くみなみのうお座の星・フォーマルハウトを難《なん》なく見つけ、うまく観察することができた。この宿題がきっかけで夜の公園の怪《あや》しげな魅力にとりつかれ、友達と「星の観察に行こう」と言っては公園で騒いでいたのも、あとから思えばその後の経歴につながっていたかもしれない。

電子工作も大好きで、ラジオやマイクミキサーなども自作した。放送機器が扱えるからと、中学では放送委員になった。その間も宇宙への関心は消えることなく、天体写真を撮ることに興味が湧《わ》いてくる。だから高校に天文部があると知ると、すぐに入部を決めた。天文部に入れば天体望遠鏡が使える！これで天体写真が撮れる！

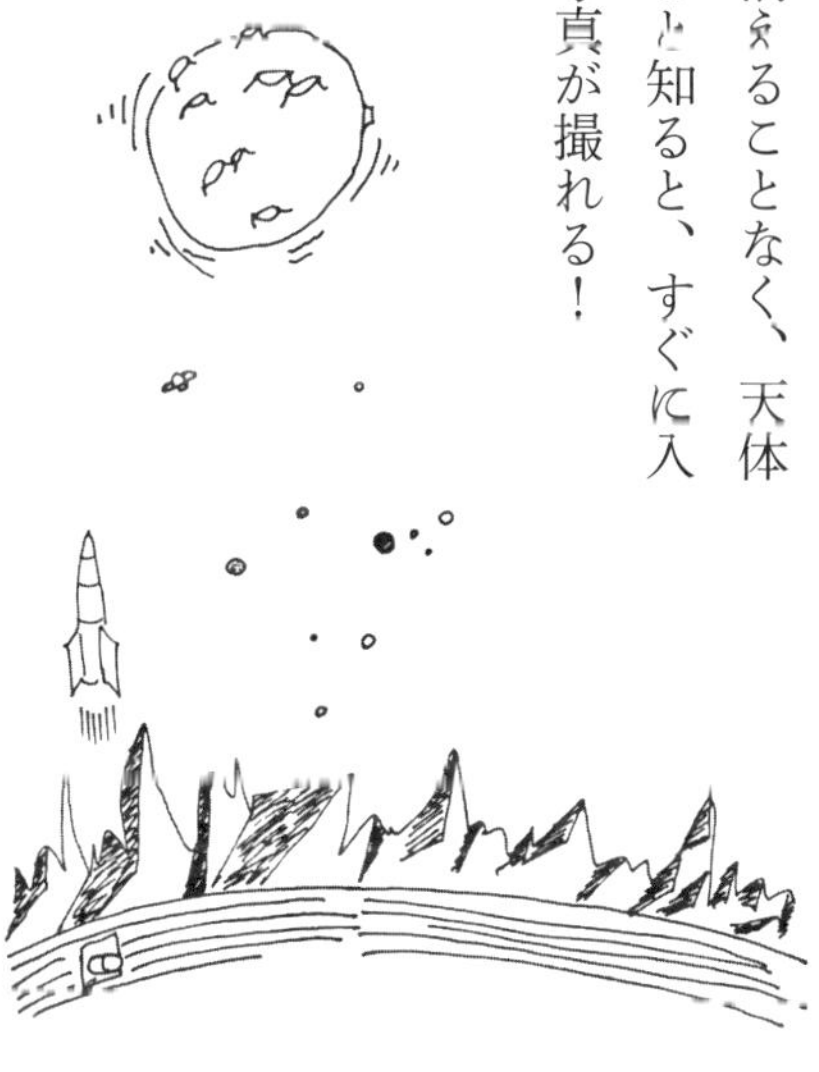

高校時代の天文少年たち
放課後は科学館で過ごした青春時代

天文ファンの中でも筋金入りのふたりが仲良くなるのに、時間はほとんどかからなかった。ふたりは天文部の中でも中核的な存在になり、鈴木は2年生で天文部長、毛利が副部長になった。

毎月第3土曜日には、学校から名古屋市科学館へ自転車を走らせる。天文部のメンバーで揃《そろ》ってプラネタリウムを見にいくのだ。その他に、科学館の一室では「名古屋高校生天文同好会」の活動もおこなわれていた。学生運動があった少しあとの当時は、「三高禁」といって3校以上の学校が集まってはいけない、という規則があった。そこで、各校の天文部が集まって、学校とは関係のない同好会組織をつくり、科学館の部屋を活動拠点にして集まっていたのだった。同好会には、高校受験のときに毛利の後ろの席に座っていた山田吉孝もいた。試験の前後にちらっと会話してウマが合った。合格発表の日、別々の高校に進むとわかり握手で別れたと思ったら、「なんだ、こんなところでまた会うのか！」

高校生の同好会、とはいうものの、そこでは一人前のアマチュア天文家集団のような活動が行われていた。夏のペルセウス座流星群の時期には、1ヶ月間かけて流星の数を観測し、活動曲線を描いた。大人の力は借りないのがモットー。なんでも自分たちの力でやる、ということでまずワクワクした。合宿で長野県にある御岳山《おんたけさん》のキャビンの宿泊予約をするのも、そこまで行くのも、もちろん自分たちだけでやる。

いきいきと活動する高校生たちを、何も言わず干渉せず、そっと見守ってくれていたのが、山田卓、北原政子らふたりの天文係職員だ。温かく見守りつつ、これから科学館で行われる活動のため、同好会の中でも中心的にはたらく鈴木、毛利、山田吉孝らに「目をつけて」いたのでもあった。

「絶対にストレートで大学に受かれよ!」

高校3年生、受験生になった3人は、同好会ＯＢの先輩からの電話で念押しされた。絶対に現役合格しなければならない理由、それは83年6月11日にインドネシアで起きた皆既日食だ。日本から比較的行きやすい場所での、めったに見られない皆既日食。それが大学2年生のときにやってくる。アルバイトで旅費を、飛行機代だけではなく現地での滞在費や機材の購入費も含めてかせぐことを考えると、1年は必要だろう。浪人してチャンスを逃すわけにはいかないのだ。

天文学者になりたい、というほどではなかったが、大学進学後も天文に関わっていたい。そう鈴木は強く願っていた。しかし、当時「天文」「宇宙」が名前につく学科は、東京大学、京都大学、東北大学と、偏差値が高く、実家から遠い大学にしかなかった。実は名古屋大学の理学部でも宇宙の研究はされていたのだが、まだインターネットのない当時、情報は限られていて、高校生個人はもちろん、進学担当の先生ですらその事実を知らなかった。理科教員を目指す学科ならば地学の勉強があるから、天文についても学べるはず。そう思って愛知教育大学を受験した。

毛利と山田吉孝は、地元の名古屋大学を目指した。理学部への推薦を希望し、毛利が受けた面接試験では、月のクレーターの写真から何が読み取れるか、という問題が出される。「ラッキー！」自分のために用意されたような問題だった。結果は、3人とも無事現役合格。名古屋市科学館で過ごす日々からもこれで卒業―、そう思っていた。

同じ頃、もうひとり、名古屋市科学館に別れの挨拶《あいさつ》に行こうという人物がいた。鈴木や毛利より2学年上の、野田学だ。名古屋市科学館と同じ、62年生まれ。高校時代はサッカー部で、名古屋高校生天文同好会に顔を出すことはなかったのだが、小学5年生から高校生まで名古屋市科学館の天文クラブに所属していた。

野田は小学校低学年の頃から、天文好きの兄の後をついてまわり、一緒に天体望遠鏡を覗《のぞ》いていた。望遠鏡を使い始めたのが比較的早く、中学生の時に参加した天文クラブの天体観測研修会では、他の子どもたちに使い方を教えていた。そんなところでも、職員から一目置かれていたのだろう。天文クラブ担当職員の、山田卓と北原政子とのやりとりは、天文の研究がしたいと京大を受験し、二浪する間も続いていた。

晴れて京大に合格し、京都に行くことが決まった82年の春。

「これまでお世話になりました。ありがとうございました」と挨拶すると、山田卓が訊《き》く。

「うん。それで野田くん、夏休みは名古屋に帰ってくるんだよね？」

「はあ」

「じゃあ夏休みは手伝ってもらいたいんだけれど、いいかな？中学生を御岳につれていくことになってね。天文クラブで大学生の先輩のお世話になっただろう。今度は君の番だよ」

それが「リーダー会」のはじまりだった。

天文クラブの改革
星と人と、長くつきあおう

82年、名古屋市科学館の天文係は急激に忙しくなった。前年に山田博が定年退職し、山田卓が天文係長に就任すると、一気に市民一般を対象にする活動を増やしたのだ。

名古屋市科学館には、開館して1年も経たない63年8月から、教育施設として「青少年ならびに一般成人を対象に、宇宙科学に関する知識の普及啓発をはかり、その向上を期待するため」、プラネタリウムの解説だけでは飽き足らない天文ファンのために例会や観望会、講演会などを行う「名古屋星の会」が設立された。小学5・6年生と中学生が入れるジュニアクラスと、高校生以上を対象としたシニアクラスの2部構成だ。発足当初から合計約千人の会員がいた。

名古屋市内の学校に会員募集のチラシを配布し、学校単位でまとめて入会できるようにすると、ジュニアクラスは5000人近くの会員が所属するマンモスクラブになった。第一次ベビーブームが過ぎると年間3000人ほどに落ち着いたが、それでも全国的に比類のない規模だ。

一方のシニアクラスは、年会員１００人程度にとどまっていた。小さな会議室に集まって、年間10回の講義を聞く。シュテファン＝ボルツマンの公式を板書しての講義や、変光星の観測方法を1時間みっちり説く講義は、物理好きの高校生がやっとついていけるかいけないかというレベルのもの。ちょっと星に憧れがある、というだけで入っていけるものではなかった。

80年、天文学者カール・セーガンが監修したテレビ番組『コスモス』が日本でも人気を博す。翌年、シニアクラスの会員も倍以上の２７０人に増えたが、まだまだ筋金入りの天文学好きが中心だった。

「天文クラブのシニアクラスをもっと広い集まりに変えたいんだ。たとえば子どもと一緒に星座を見つけられるようになりたいという主婦だとか、定年退職してこれから余生を楽しむのに天文学を学んでみたいという人だとか、いろんな層の人が集まって来られるようにね」

新たに天文係長になった山田卓は、天文係のスタッフにこう述べた。

得意のイラストを使った親しみやすい解説が人気で、多くのプラネタリウム見学者から親しまれてきた山田卓。かつて小学校の教員をしていた頃は、毎日手描きのプリントをガリ版で刷《す》って、子どもたちのやる気を引き出していたという、熱心な教育者だった。

「教師がいろんな教育事例を発表する研究会に行ったことがあるんだけれどね」

同僚の北原政子は、山田卓の教員時代のこんな思い出を聞いたことがある。

「立派な発表をする人にかぎってさ、学校の教室では子どもにそっぽを向かれているんだ。よく考えてみると、本当に子どもと真正面から向き合っている先生なら、そんな発表をしている間に子どもたちと遊んでいるんだよね」

プラネタリウムでも、訪れるひとりひとりと向き合いたい。そしてとにかく多くの人に星空を楽しんでもらいたい。山田卓はそういう人物だった。

「僕は天文クラブで天文学者のまねごとをしたり、未来の天文学者を育てたいとは思わない。子どもでも大人でも天文学を楽しんで、正しい宇宙観から素敵な人生観を育んでもらう。そうして豊かな人生を送ってもらう、そんな場所にしたいんだ。一部のマニアだけが集まるのではなく、天文という趣味を通じて、いろんな年齢や性別、肩書きの人が交友を深める。それって自分の宇宙が広がっていくようなことだよね。星を通じた、人と人との不思議な縁を科学館が取り持つことができたらいいと思うんだよ」

はじめて星に興味を持ったので、星座を見つけられるようになりたい。

そんな人でも気おくれせずに入ってこられるように、山田卓天文係長は天文クラブの改革を行った。例会では「星を楽しむ」ことを主眼に、やさしい「星のお話」をするようにし、高度な内容は「天文ゼミナール」と銘打って別枠の講座で紹介することにした。主に例会を受け持った天文係の永田宣男と服部完治は、「中国の星座にまつわる伝説」や「文学の中の天文学」など文系寄りのテーマを積極的に取り入れた。天文学の枠《わく》にとらわれない、自由な発想が許されるようになったのだ。プラネタリウムでも同じように、永田が兼《か》ねてからやってみたいと願っていた詩や俳句、短歌などを交えた解説を始め、ただ「天文学の勉強をする場所」から「星の世界を楽しむ場所」へと舵《かじ》を切っていった。

会誌『?《ハテナ》』の発行もこのときからスタートしている。山田卓の、雑誌編集者としての経験が活きた。会員が参加するイラスト投稿コーナーからマニアックな天文物理の研究記事まで、まさに幅広い層の天文好きが楽しめる誌面が展開される。実務は永田と服部が担当、様々な内容の記事に挑戦し、冊子も回を追うごとに分厚くなっていった。年に5回発行するこの機関誌は、現在も継続して発行されている。

これを「名古屋市科学館の天文クラブがかわります」と広くＰＲすると、会員は一気に６００名に膨れあがり、用意していた会員手帳がすぐに足りなくなった。さらに、ハレー彗星《すいせい》が地球に接近しブームになった85年には１０００人を超え、全国でもめずらしい社会教育事例となった。

「会員が増えた、というだけで、甘んじてはいけないよ」山田卓は言う。

永続性のある会に、ということで82年からシニアクラスは永久会員制になった。新年度を迎えるたびに変わっていた会員番号は、ずっと変わらない永久会員番号になったのだが、本当に永久会員でいてもらうためには仕掛けも必要だ。まずは天文係と会員とのつながり。会員証や会報はできるだけ手渡しし、会員の顔を覚えるよう努めた。次に会員同士のつながり。シニアクラスの中にさらに、「高校生星の会」や40代以上が集まる「はれー倶楽部《くらぶ》」など分科会を設け、年齢や趣向の近いもの同士でさらに交流を深める機会を作った。

シニアクラスの改革には、ジュニアクラスの小・中学生に、世代を超えた大人たちが星空をともに楽しむ様子を見せ、また後輩たちに星空の、ひいては人生の指南をしてほしいという意図もあった。

同じような意図で組織されたのが「リーダー会」。天文好きの高校生、大学生、大学院生が、ジュニアクラスの小・中学生の指導をする。「星は親が子に、兄が弟に楽しんで受け継がれていくもの」。そんな面倒見のいい先輩グループを作ろう、という山田卓の新企画だった。

リーダー会で充実した学生時代
星空以外のこともたくさん教わった

インドネシア遠征のため、ダブルヘッダーでアルバイトにいそしむ毛利、鈴木、そして山田吉孝らにも、リーダー会のメンバーにならないかと先輩を通じて声がかかる。夏休みの始まりの頃、総勢20人ほどが顔見せの席に集まった。東大や京大の学生たちも並んでいて、

「なんだか俺、気おくれしちゃうよ…」

と鈴木はつぶやいた。とはいえ、別の大学に進学した友人たちと、また星を眺める活動ができるのは嬉しかった。

夏休み、リーダー会は小・中学生をつれて3泊4日の旅に出る。行き先は御岳山など星がよく見えるところ。天体望遠鏡の実習をするのはもちろん、キャンプファイヤーや、寝食をともにしての生活指導を行う。

指導者として集められた学生たちは、指導者になるための研修を受ける。子どもたちや一般市民相手に星の探し方を説明する方法はもちろん、挨拶の仕方から使う言葉

の選び方、他人と接するときの態度など社会人としてのマナーまでたたき込まれた。メンバーからチーフリーダーが選ばれ、会をまとめるので、リーダーは組織のまとめ方も実地で覚えていくことになる。野田が3年目、鈴木が4年目のチーフリーダーをつとめた。

リーダー会の教育を主に担当したのが、北原政子だ。子どもたちへの指導プログラムを皆で検討しながらわいわい過ごしていると、深夜になることも多かった。学業にアルバイトに、そしてリーダー会の活動にと忙しい彼らを、北原は時々自宅へ招いて手料理を振る舞った。食後にはみんなで黒澤明作品などの映画を観て解釈を戦わせたり、小説の感想を話し合ったり、人生相談をしたり…。

「天文のことだけじゃない。人間としての教育を本当にたくさんしてもらった」

と野田はふり返る。

鈴木と毛利はリーダー会のメンバーとともに、科学館の研究プロジェクトにも参加することになった。鈴木は「ルナ・アトラス」という、全月齢の月面を写真に記録する計画を、毛利は「光害《ひかりがい》プロジェクト」と名付けられた「なぜ都市では星が見えにくいのか」を探る研究を、それぞれ代表として担当する。研究の成果は、社会教育施設として名古屋市科学館の名で学会発表された。

鈴木も毛利もボランティアとして働いたというつもりではない。「無料奉仕活動ではなく、学費無料で学習ができると考えてくれるといいんだけれど」と山田卓に声を掛けられ、実際、ただの学生生活では得られないものを得たと思う。

「光害プロジェクト」の背景には、ある目的があった。「プラネタリウムでの星空を学習したら、実際に観測も体験してもらおう」と山田卓が85年に科学館の屋上に設置した口径65センチの大反射望遠鏡だ。当時、一般観望用としては全国一の大きさのものだった。

星空を観測する施設は、空のきれいな山間地に設置する、というのがそれまでの常識だった。名古屋市科学館は名古屋の中でも最も繁華街にあるうえに、市が運営する施設だ。なぜ星がよく見えないはずの都会に、税金を使って望遠鏡を置こうというのか。その意義を裏づけするのがこの「光害プロジェクト」だった。

まず街中と山奥とで星の見え方を観測した結果、街では空気が汚染されているから星が見えないのではなく、背景となる夜空が明るいことが星を見えにくくしているのだとわかった。街の夜空は、さまざまな明かりに照らされている。ビルのネオンサイン、街路灯、車のヘッドライト…。毛利らは夜の街に出て、夜天光（星などの天体の背景となる、夜空の暗い部分からやってくる淡い光の総称）のスペクトルや夜空の明るさの時間変化を計測した。結果わかったのは、水銀灯や蛍光灯特有の光が特に星の光を見えにくくしているということ。これらの灯りが上方に漏《も》れないようにすれば、街中でもたくさんの星を見ることができる。空に光が漏れるということは、それだけ光エネルギーを無駄にしているということでもあり、街中での星の見え方を調べることは電力消費の無駄の検証にもつながると、毛利は現在も後輩らと研究を継続している。

85年はハレー彗星が地球に接近した年でもあり、65センチ望遠鏡は大好評を博して、観望会は連日定員をオーバーした。科学館でハレー彗星を観察した人だけでなく、「見た」と自己申告した希望者すべてに発行した、日付入りの「ハレー彗星を見た証明書」は発行数1万部以上にのぼっている。

金星などの明るい惑星には、むしろ都会のほうが観察しやすいようなものもある。大気は都会のほうが安定しているのだ。望遠鏡をさらに活用しようと山田卓は「昼間の星を見る会」を始めた。明るい星を日中の青空の中で観察する会だ。これもまた好評を得て、昼の観望会は全国にひろがっていった。

65cm 大望遠鏡を使った「昼間の星を見る会」

名古屋の鈴木、毛利、山田吉孝、そして夏休みになると京都からひょっこり戻ってくる野田。

4人の学生生活は、学業、アルバイトに名古屋市科学館での活動が加わって、忙しくも充実した日々だった。インドネシアでの皆既日食も無事、カメラにおさまっている。


大学卒業後の進路はバラバラだった。

教員資格をとった鈴木は、教員派遣でタンザニアに行った先輩を見て、自分も海外で働きたい、と教員派遣を志望する。行き先は、どうせなら日本とは違う星空が見える南半球がいい。希望がかなって、ニュージーランドの日本人学校に2年間赴任することになった。

ニュージーランド8月の夜明け前。玄関を出ると南十字星が見える。オリオンは日本で眺めるのと逆さま。写真を撮っているうちに、南国の鳥たちが夜明けの歌を歌い出す。こんな素敵な職場はそうそうない、と実感した。

大人気を博した「ハレー彗星を見た証明書」

子どもたちに望遠鏡の説明をするリーダー会メンバー

研究室に留《とど》まらずもっと広い世界に出たいと思っていた毛利は、「どうせならいちばん大きい会社に入ろう！」とNTTに就職し、その中でも先進的と感じていたNTTデータへ、分社とともに異動した。システムエンジニアの仕事は、業務自体も面白く、エビの流通システムを担当した遠洋漁業の会社の人たちなど、顧客とのやりとりもまた刺激的だった。

新人の時期を終え、仕事が楽しくなってきた頃、鈴木と毛利に思ってもみない知らせがやってきた。それは山田卓からの電話だった。

「天文係で採用が出る可能性があるんだ。応募してみないか？」

はなればなれの社会人生活が一転 職員として名古屋市科学館へ

自分たちを育ててくれた名古屋市科学館で働ける。それまでふたりとも、その可能性すら考えたこともなかった。このチャンスを逃すわけにはいかない。かつての同級生どうし、ニュージーランドと日本の間をファックスでやりとりしながら、二人三脚で受験準備を進めた。

結果、ふたりとも見事に合格。90年、晴れてふたりとも天文係の学芸員になる。即戦力のふたりは4月から解説台にデビューした。初めての頃は二人羽織で、ひとりが解説、ひとりが機械の操作、を交互にやっていたこともある。天文の知識は充分あれど、もともと人前で話すのが苦手だった毛利は、神経性大腸炎にもなった。しかし人手不足の天文係で、弱音を吐いている暇はない。おおわらわの実地訓練だった。

学生時代ともに活動した山田古孝も、その2年後、物理担当の学芸員として同様に名古屋市科学館に就職した。幼稚園時代にアポロを見た三人は、不思議な縁でまた科学館に舞い戻ったのだった。


野田学がここに加わったのは、さらに5年後のこと。修士課程以降は名古屋に戻り、リーダー会での活動を継続しながら赤外線天文学の研究で博士課程を満了したあと、名古屋市工業研究所に勤めていた。

工業研究所では上司がおおらかな、自由な活動を認めてくれる人物で、夜は好きな研究を続けさせてくれた。後輩の大学院生たちを研究所に集め、赤外線の装置開発などに精を出す。

野田がはんだ付けした観測装置は、96年に若田光一宇宙飛行士がスペースシャトルで回収した、日本初の宇宙赤外線望遠鏡ＩＲＴＳに搭載され、03年に打ち上げられた次の衛星の機器開発にも関わった。個人としては公私ともに充実しているのだが、研究の魅力はなかなか周りの人に伝わらない。「最先端の科学の面白さを、もっと広く理解してもらいたい」。そんな思いはどんどん募《つの》っていく。

そんな野田に電話をかけてきてくれたのが、やはり山田卓だった。

「天文係で学芸員の公募が始まったよ」

90年代のバブル期、日本全国でプラネタリウムが建設ブームとなった。世界では首都にひとつかふたつあるくらいが普通のプラネタリウムが、日本では国内に３５０施設もでき、アメリカに次ぐプラネタリウム大国となったのである。公立だけでなく民間の施設も増え、エンターテインメント性の高いプラネタリウムが多くなっていた。名古屋では、科学館にほど近い栄のパルコにも「娯楽を追求する」プラネタリウム、「アストロドーム」ができている。

「アストロドーム」もそうだが、この頃特に増えていたのが、傾斜式のプラネタリウム。一方向を向いた階段教室のような座席で前方上方のスクリーンへの投影を楽しむ、映画館のようなスタイルのものだ。見学者の目の前に広がる大きなスクリーンがすべて星空となるので、見学者自身が宇宙空間に飛び出すような、臨場感のある映像体験が楽しめる。講演会などにも多目的に利用できるため、80年代以降建設された150近い施設のうち、90％以上がこの形式をとっていた。

ただ、傾斜式のプラネタリウムには、地平線が傾いているという問題がある。水平ドーム式では360度ぐるりと広がっている空が、傾斜式では前方にしかない。たとえば日の入りの話をしたいときは、見学者の正面を西の空とする。「では次は南を見てみましょうか」というときには、見学者が身体を南の方向に動かすのではなく、空のほうをぐるっとまわして見学者の正面を南の空とする。こんなふうに空のほうが動いていると、見学者は自分がどちらの方角を向いているのか見失ってしまいがちだ。

夏の太陽は真東よりも少し北から、早い時間帯に昇り、真西よりも少し北に遅い時間帯に沈む。冬の太陽は南寄りの東から遅い時間帯に昇り、南寄りの西に早い時間帯に沈む。方角がわかりにくいと、

この理科学習では重要なポイントとなる現象がうまく示せない。北極星もあるべき高さに見えないし、前のほうの席に座った人は、のけぞらないと高いところの空が見えない。そもそも天文の知識がない人が解説にあたる、解説すらなく映像のみを見せる、といった施設も多かった。

「これからの時代」、受話器の向こうで山田卓は語る。「プラネタリウムや教育施設には、研究をバックボーンに持った人材が必要とされるだろう。受け売りでなく、ちゃんとした背景を持った人の言葉は、聞く人の心への届き方が違う。プラネタリウムの解説者は、資格のある仕事じゃない。社会に認められた職業とはいえないかもしれないけれど、認められていないということは、自分で切り開いていける、ということでもあるんだよ」

このひとことが野田の背中を押した。研究者の仕事にも未練はあったが、誰よりも自分を可愛がってくれる、そんな風に感じていた山田卓の言葉は胸に響いた。宇宙は驚きにあふれ、天文学の進歩には目を見張るものがある。そんな興奮を自分の言葉で伝えられたら――。

採用試験に挑んだ結果、無事合格。そして97年、定年退職する永田宣男と入れ替わりで天文係に加わった。科学館に育てられた世代が天文係を担《にな》っていく時代の始まりだ。

何千人もの子どもに宇宙の素晴らしさを伝えて後輩に受け継がれた山田卓学芸員の想い

山田卓がたちあげ、野田、毛利、鈴木、山田吉孝が中核として活動したリーダー会は、社会人になっても活動を継続しようというメンバーが多く、天文指導者クラブ（ALC）という名で活動を拡大し、現在も登録者200名ほどの教育ボランティア組織として続いている。

現在では当たり前のように行われている公共施設でのボランティア活動だが、リーダー会が始まった80年代前半は、まだ「ボランティア」という言葉も一般的ではなかった。

幼児投影と小学生向けの学習投影を、名古屋市内すべての公立幼稚園、保育園、小学校（および希望する私立校、私立園と市外の学校、幼・保育園）を対象に拡大したのも山田卓である。それまでは希望する学校や園を受け入れるだけの体制だった。さらに中学1年生を対象とした学習投影では、学校ごとに教員と指導内容を打ち合わせ、授業の進み具合に応じて投影のプログラムを組み立てるようにした。

「見る側からすれば、年に一度、50分だけの学習投影。最高のものにしなくっちゃ。シェフのおまかせ定食よりは、客と料理人が相談して、豊富な単品メニューからもっともお客さんにあうコースをつくったほうが、満足度も高いよね?」

そんな考えのもと、天文係は世の中でもめずらしく忙しい職場のひとつになったのである。

ゆったりとした優しい話し方で、口を開くとあたたかな空間ができる。

山田卓はそんな人だった。

04年に大腸がんで亡くなった山田卓は、入院した病院でも車いすに乗って、看護師たちと天体観望会を開いた。野田が「病気でお痩《や》せになったのに、寒かったでしょう」と心配すると「天気が良くて星がたくさん見えたんだよ。本当によかった」と笑っていた。

七夕幼児投影。願いごとを書いた短冊の下を子どもたちが通っていく

解説を始めた頃は、子どもを主眼に話をしていたが、科学館に勤めた30年の間に大人の来館者が増え、後年は大人の文化として天文知識を楽しんでもらうことに力を注いでいる。

「天文学は、まず自分を中心に据えて遠くを探る世界。でも同時に座標を変えて、宇宙から見て自分がどんな存在かもわかる。知識を感動にかえたり自分を客観的に見られたり、星空の魅力は無限ですよね。それに夜遊びって楽しいでしょう」。新聞のインタビューにも茶目っ気たっぷりにこう答えていた。

山田卓には、描き残した夢があった。

「21世紀のプラネタリウム」、それは広くなくっちゃ物足りない。無限に広い宇宙を表現するのだから、宇宙の中で自分はいかにちっぽけな存在か実感してもらうのだから、直径はせめて１００メートル。そこでは多くの付属の投影機が活躍して、迫力のある演出を見せてくれる。ときには、月世界旅行も、ときには亜光速ロケットで時空をこえる旅をすることも、星の一生を目前にみることもできる。座席は３６０度回転できる。もういっそ椅子もな

幼児投影にやって来た子どもたち

くしてしまって、寝転がって見られるほど個人のスペースが広い。そんなプラネタリウムができたらいいな…。

「宇宙の仕組みや星の一生を調べることは、私たち人間が〝宇宙の子〟であると実感することでもある。それには、自分は先輩や親子という縦《たて》のつながりで生きているんだと実感することが大切」

そう語った山田卓の夢は、〝科学館の子〟である後輩たちの手にしっかりと引き継がれた。

◀山田卓が描いた「21世紀」のプラネタリウム

YAMADA TAKASHI の PLANETARIUM 図鑑
21世紀のプラネタリウム

広がらなくっちゃものたりない

無限に広い宇宙を表現するのだから小さなドームじゃものたりない。

せめて直径100メートルくらいはほしい。

それくらいのドームは全天候型の野球場と同じくらいだから20世紀の技術で十分まにあう。

ドームの真中のプラネタリウムをなくしたい

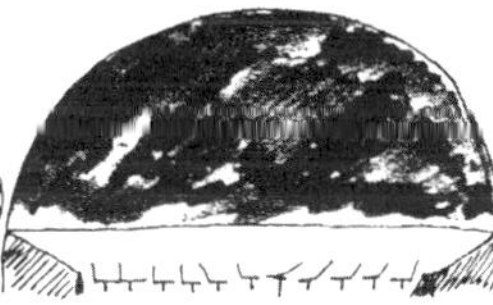

つまり、ドームの中央のプロジェクターをかたづけて、まったく別の方法で星空を表現するわけだ。

じゃまものをとりのぞいたドームは広々として どの席についても全天の星が眺められる。

さて、プロジェクタ方式の次に登場するプラネタリウムは？

ドーム面に点光源をすきまなくしきつめてはどうだろうか

全面を極小発光ダイオードでうめつくしてしまうのもいい。三原色を一組にして一点光源を表現させれば色も自由自在。

あるいは、壁かけテレビの原理をつかうのもいい。

このへんのところは21世紀の科学技術をもってすれば それほどむずかしいことではあるまい。

広い最後部は最低10メートルはドームからはなれるようにしたほうがいい。星が点像にみられるようにしたいし、できるだけ星空のゆがみをなくしたいからだ。

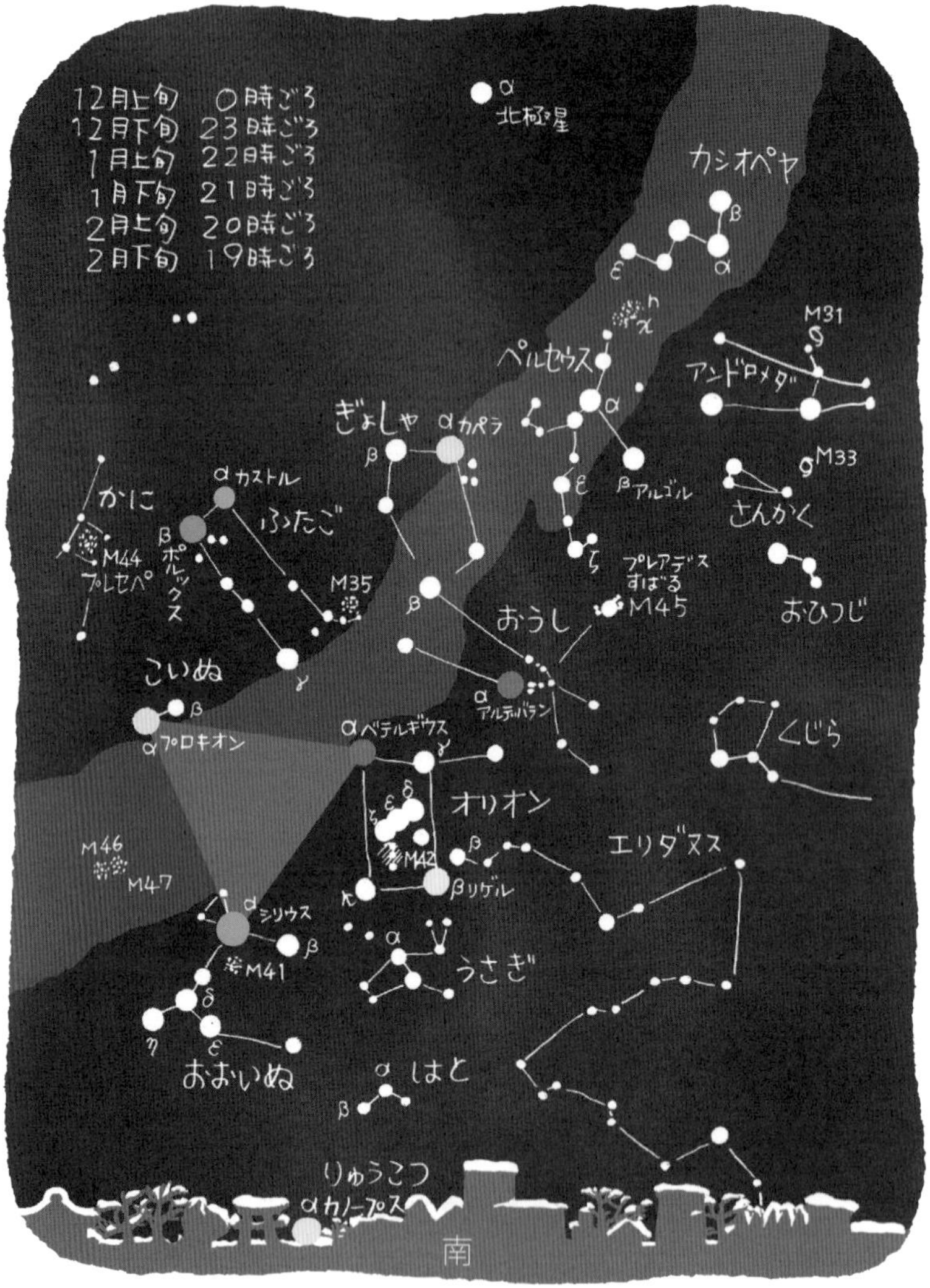

冬の星空

天文係学芸員の星空コラム

毛利 勝廣

一年の中でも一番はなやかな星空を楽しめるのが冬です。空気の透明度が高くなるので、昼間でも遠くの山がすっきり見えますね。夜は星々がすっきり見られます。街中で星が見えにくい原因は、街明かりが上に漏《も》れ、空を照らしあげていることなのですが、透明度が高いと反射、散乱が少なくなるので、街中でも背景の空が暗くなり、星が浮き立って明るくきれいに見えるのです。

まずは南から見上げてみましょう。空の中ほどに1等星でできる大きな正三角形が「冬の大三角」です。三角の向かって右上の赤色の星はオリオン座のベテルギウス。ここから真ん中に3つ子のように並んだ3ツ星が収《おさ》まった縦長の四角を作ると、オリオン座ができます。ベテルギウスの対角の白い1等星がリゲル。オリオン座は、紅白のスターが揃《そろ》った紅白歌合戦みたいな星座です。

オリオン座の真ん中の3ツ星を右斜《ななめ》上に伸ばしていくと、おうし座のアルデバラン。さらに「すばる」に行き当たります。冬の星々の中でもイチオシの美しい星団です。

この本の四季の星座の図は、毎年学習投影向けに作っているスクエアパンフレットの星図。山田卓先生の手描きによるものです。開館当時からお付き合いのある印刷所、三秀社に大切に保存してあった原画をデジタル化し使わせていただいています。山田先生の図の特徴は空を見上げる人の目線で描かれていることです。星をたどっていてポイントになるところ、目が行くところは、暗い星まできちんと表現し、意識が行かないところは思い切って省略。これは山田先生と作らせていただいた星座早見盤も同じです。機械的に区切った星図が多い中、これこそが星空を伝える、教える人の星図だと思うのです。

あらためて図のおうし座をご覧ください。アルデバランの周りや「すばる」のところ、細かいですね。「すばる」には、西洋名のプレアデス星団、和名の「すばる」、星団名のM45、と手厚く3通りの名前が書かれています。著書の『星座博物館』の中でも「すばる星讃歌」のコーナーの長いこと、詳しいこと。冬の澄んだ夜空に「すばる」を見上げるたび、山田先生のオススメ具合を思い出すのです。

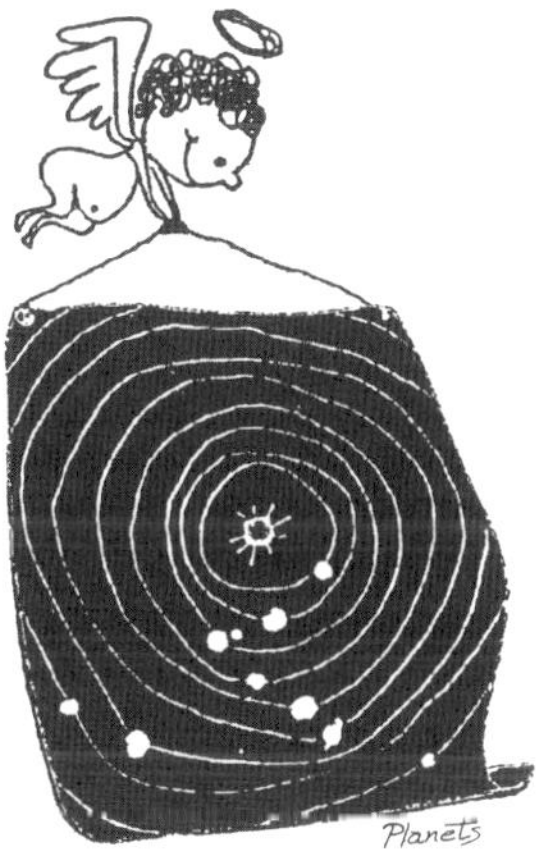

第４章
限りなく本物に近い星空を目指して

人気に翳《かげ》り 岐路に立たされた 日本のプラネタリウム

21世紀になって、プラネタリウム大国・日本に影が差した。

２００１年、関東一の伝統を誇った東京・渋谷の五島プラネタリウムが、四十余年の歴史に幕を閉じた。８階建ての東急文化会館にぽっかりとお椀《わん》をふせたような直径20メートルのドームは、星のない街で星を見せてくれる、渋谷のランドマークのひとつだった。開館当時は１階からプラネタリウムのある８階まで行列ができ、年間来館者は70万人を超えたが、20世紀末には13万人前後に。ペイラインの年間20万人を大きく下回るようになってしまっていた。

続いて03年には、東京・池袋のサンシャインプラネタリウムが閉館となる。89年の最盛期には年間来館者が40万人を超え、01年の来館者も23万人と全国２位ではあったのだが、経営を続けるための設備投資費は捻出《ねんしゅつ》できなかった。「子どものためにプラネタリウムを残して」と集められた６２１８８人の署名も、閉館を食い止めることはで

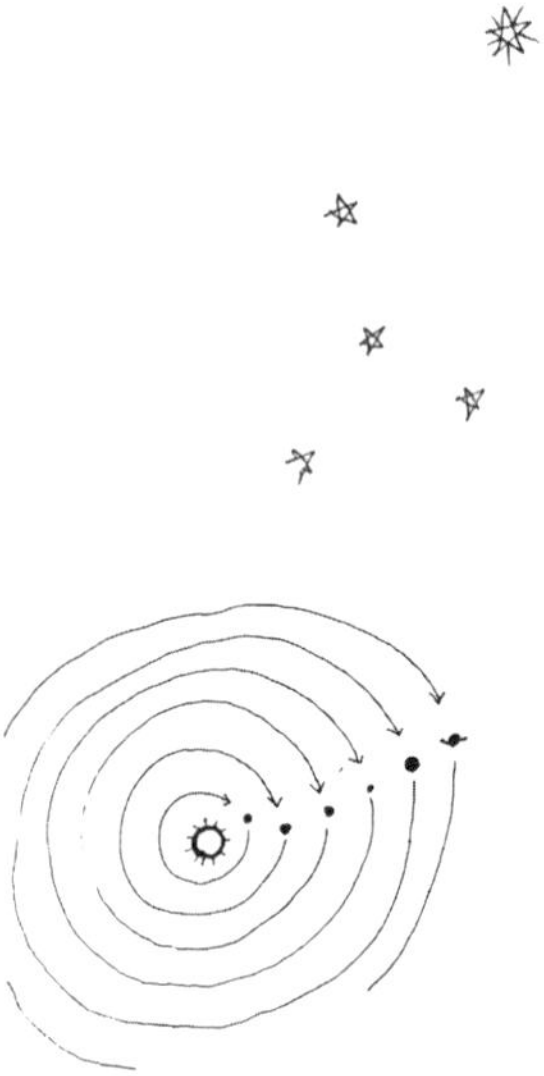

きなかった。

閉鎖に追い込まれたのは、民間のプラネタリウムばかりではない。神奈川県立青少年センターのプラネタリウムも、03年、耐震工事に伴《ともな》って40年の歴史を閉じることになった。ほかにも全国各地でプラネタリウムの閉鎖が相次ぐ。「21世紀は科学の時代なのに…」担当者たちは悔しさをにじませた。

採算性、予算の削減、当時行われた市町村合併、施設が増えすぎたこと、少子化…。そこには複合的な事由があった。人々の科学離れを理由として挙げる声もある。コンピューターが急速に普及した時代だ。家電などの身近な機械も、子どもがいじって遊べるようなものではなくなった。

「たとえばテレビが映らなくなったりすると、昔は修理屋さんが家に来て、ねじまわしで機械の裏側を開け、真空管を取り替えたりしてその場で修理した。手術のような手品のような、そんな様子に子どもたちは胸をときめかせたもの。それが今は、悪いところを調べたりせず基板をごそっと取り替えていくだけですよね。身近な科学へのワクワク感が持ちにくくなったかもしれません」。名古屋市科学館天文係の野田学は言う。

名古屋市科学館のプラネタリウムは、「一日とて同じ解説はしない」という開館以来のコンセプトに、月替わりの解説テーマが効いていたのであろう。03年の来館者が25万人。そのうち半数近くがリピーターだ。それでも、最盛期の年間40万人からはかなり減少した。かつては年間3000人もの小・中学生会員がいた天文クラブも、90年代には中学生の会員数が100を割った。

「プラネタリウムはこれから、さらに内容を問われることになるだろう」

大西高司《たかし》が名古屋市科学館天文係に加わったのは、ちょうどそんな流れにあった、05年のことだった。

関西出身、筋金入りの天文学オタク科学館天文係に加わる

名古屋市科学館天文係は97年に野田学を採用した後、しばらくスタッフの入れ替わ

りがなく、04年、7年ぶりの新規採用で小林修二が加わった。小林は京都府出身だが、名古屋大学に入学し、新入生のサークル勧誘の場で手渡されたチラシがきっかけで、科学館の天文指導者クラブに入会。修士課程まで名古屋市科学館でボランティアとして活動した。その後、気象会社に就職し、社会人経験を経て天文係の学芸員となった。であるから、就職以前に名古屋市科学館にまったく縁なく天文係のスタッフとなったのは、大西高司が初めて、ということになる。

05年に採用された大西は、兵庫県加古川市出身。山口大学の理学部を卒業後、岡山県の高校で学校のサーバー管理を行う職員として働いていた。この高校は、岡山天体物理観測所のふもとにある。

大西は、大学の指導教官が天文学にあまり詳しくなかったので、星の構造と進化の研究でノーベル賞を受賞した物理学者・チャンドラセカールの著書を自分で読み解き、自身で書いた計算プログラムで恒星の内部構造を計算して卒論にまとめた、という熱心な天文好き。学生時代に星空観望会の手伝いをした山口県立博物館の推薦で、この高校での職に就《つ》いた。

科学部の顧問の先生に能力を買われ、生徒たちが行う太陽の五分振動（太陽の表面が周期約5分で上下振動する現象）の観測に指導的立場で加わったり、美星町にある美星天文台での勉強会に参加したりしている。これらのことをきっかけに、もう一度

天文学の研究がしたい、という思いが大西の心に芽生えた。

当の科学部顧問の先生は、大西が夢を語る力強い様子をよく覚えている。

学校の渡り廊下で、大学への進学を迷う女子生徒2人に大西はこう語りかけていた。

「僕はもうすぐ大学院へ行って研究者になるんだ。ハワイのすばる望遠鏡を使った観測をするからね。ぜひ見ておいてほしい」


女子生徒たちに夢を語った翌年、大西は大阪教育大学の修士課程に進学した。宇宙科学研究室ですばる望遠鏡を使った恒星の分光観測（天体からの光を色ごとに分け、何色の光が強いのかなど特徴を調べ、天体の温度や、どんな物質があるかなどを読み取る観測方法）を行った。

夜な夜な研究室の仲間と肩を並べ、望遠鏡を動かす。観測の合間に、研究室のこと、天文学のこと、将来のこと、恋愛のこと…様々な話題で語り合った。

「大西さんは筋金入りの天文学オタクでね」

同級生は語る。

「普段はひょうひょうとしているのに、夜中に星のことを話すときはとても熱くて。すごいなと尊敬していました」

大西は子どもが好きだった。家の近所の河原で望遠鏡を覗《のぞ》いていると、「見せてー」と子どもが寄ってくる。そんなときは、望遠鏡を覗かせて星の見方を教えた。子ども好きな大西だから、もとより天文学の普及に携《たずさ》わりたいという思いがあった。大学院修了後の進路を考え始めたちょうどのタイミングで、名古屋市科学館で天文係学芸員の募集があることを知る。試験を受けて採用が決まり、「もっと研究室にいて力を発揮してほしかった…」と指導教官に惜しまれつつ、名古屋の地を踏《ふ》むことになったのだった。

名古屋市科学館の老朽化
プラネタリウムにもリニューアルの兆し

「天の川を双眼鏡で覗くと、小さな星が重なりあってとてもきれいな様子を見ることができます。最近ではハッブル宇宙望遠鏡が天の川の中を撮影しました。そうするとこんなふうに、いろんな色の光の星がたくさん重なり合って見えています。天の川とは、実はたくさんの星が集まった円盤を横から見ている、そんなものなのです。

私たちは天の川銀河と呼ばれる、平たい円盤状の星の集まりの中に住んでいます。この円盤は、1千億とも、2千億ともいわれるようなたくさんの星が集まったものです。その中のたったひとつの星、太陽が、天の川銀河の中心から3万光年も離れたところにぽつんとあります。そして太陽系にあるひとつの惑星、地球から星のたくさんある方向を覗いていくと、星が重なり合って天の川として見える、というわけなんです。私たちはたくさんの星が集まった中の、離れた辺境の地に住んでいるのです。

夏休み、空の暗いところにいくと、この天の川、はっきりと見ることができるはずです。この天の川の周りにある他の星たちは、実は私たちに比較的近い星なんです。私たちのご近所の星が星座を形作る、目で見える星であって、そしてその向こうにある銀河系の他の星たちが、天の川として白く、淡く見えているわけです」

05年7月。解説を終えた大西はふうっとため息をつく。一般投影デビュー、なんとかやり終えた。ドーム内が明るい間は目立っていた子どもの声も、今晩の星空解説をする頃には静かになった。星の面白さ、伝わっただろうか。

大西は学生時代、山口博物館で天文ボランティアの活動をしていて、解説の経験もあった。一緒にボランティアをしていた友人は、「大西君の解説はユーモアたっぷり。でも時々真面目な顔になる。聞いている方々の心を上手にとらえるので、『大西のようにしゃべれたらいいなぁ』と思っていました」と後に語っている。しかし、「天文係の学芸員」がここまで話す技術が求められる仕事だったとは…。

50分間台本なしで、詰《つ》まることなくわかりやすく毎日1、2回の解説をする、というのは、かなり神経と体力を消耗する。話をするためには、日々ネタ探しもしておかねばならない。最新の宇宙に関するトピックは、ニュース記事や文献をよく読み込んでおく。目を通すだけではなく、理解し自分のものにしないと、解説に的確に取り入れられないからだ。特にこの名古屋市科学館では、紋切り型の説明ではなく、自分で創造して話の流れを組み立てることが求められる。

「原稿を読み上げるただの『解説員』はいらない。『解説者』としての気概《きがい》が必要だよ」

そう先輩からは言われていた。

目の前では、プラネタリウム投影機のツァイスⅣ型が、黒い機体に終演後のドームを照らすオレンジの光を反射させている。62年の開館から働き続けて40年が過ぎた。ギアの部分が時折音をたてたりと老朽化の兆し《きざ》が見えるものの、美しい星空を投影することにかけてはまったく問題ない。精悍《せいかん》な佇《たたず》まいだ。

およそ10年ごとにドイツ本国からカール・ツァイス社の技師を招き、「オーバーホール」と呼ぶ全面的な分解修理を行ってきたが、「この科学館ではずいぶん大切に扱われていますね」と毎回技師が驚くほど、ツァイスⅣ型は健全な状態に保たれていた。

ドイツ人の技師によるプラネタリウムの調整の様子

実際、名古屋市科学館のスタッフたちはこれまで、機体をこまめに掃除し、油を差し、おそらく他施設に比べてもかなり細やかなケアを行ってきたのだ。
一方、ツァイスⅣ型の住まいである名古屋市科学館の建物はというと、平成に入った頃からずっと老朽化や耐震性の不足、バリアフリー未対応などが指摘されていた。近いうちに改築しなければならない。
この数十年の間に、プラネタリウム投影機もかなり進化してきた。日本では、千代田光学精工（現・コニカミノルタプラネタリウム）が国産第一号のプラネタリウムを58年に発表してから、９割以上の施設で国産のプラネタリウムが稼働している。98年には大平貴之が個人で製作した投影機「メガスター」が従来の１００倍に相当する１５０万個の恒星を再現し、話題となった。

特に大きな変化は、デジタル式のプラネタリウムが登場したことだ。ＣＧを魚眼レンズでドームに投影するというものである。米国で70年代から開発が始まった「デジスター」を皮切りに、90年代から設置が増えた。ＣＧさえ作ればあらゆる映像表現が可能だ。しかし、現代の映像プロジェクターの技術においては、星をシャープに美しく映す、という本来のプラネタリウムの目的からすると、従来の、穴を開けた原板を通った光が星として映し出される光学式プラネタリウムのほうが優れている。いいとこ取りをしようということで、

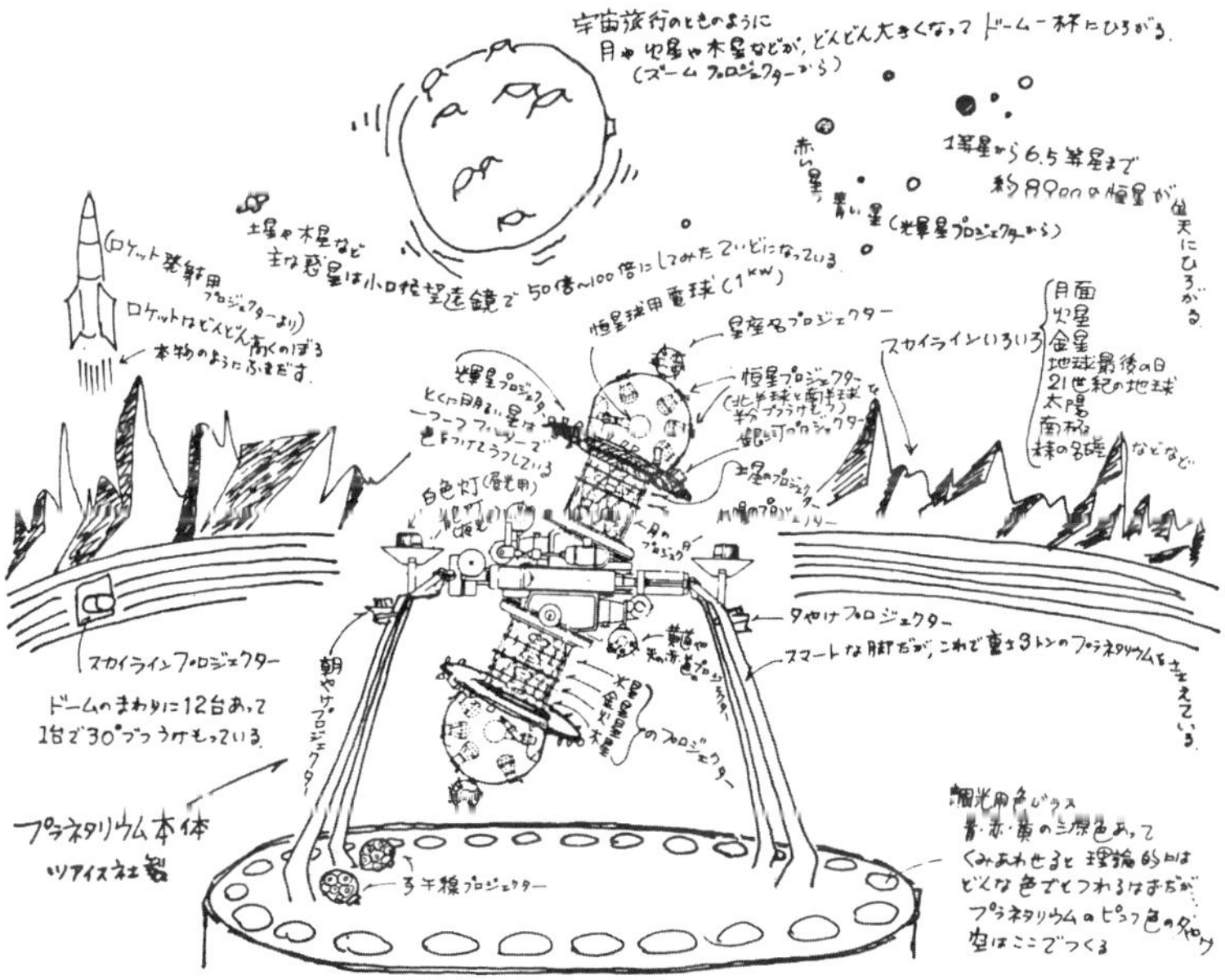

２０００年代に入ってからは、デジタルと光学式と両方の投影機を備《そな》えた、ハイブリッド式のプラネタリウムが増えていた。

建物を改築するのであれば、投影機も時代にあったものにしよう…。前々から浮いては消え、消えては浮いていたプラネタリウムのリニューアル話が現実に近づいていた。

大西がツァイスⅣ型に見入っていると

「そろそろ会議を始めるぞー」

プラネタリウムのバックヤードから声がかかった。新しいプラネタリウムのコンセプトや規模を話し合う会議だ。

目指すのは「限りなく本物に近い星空」世界最大のドームが目標に

新プラネタリウムの導入を計画するにあたって、プロジェクトリーダーを務めることになったのは、当時天文係長となっていた野田学だ。服部完治、野田、鈴木雅夫、毛利勝廣、小林、大西。6人の解説者で夢を語り合った。

「学習用とエンターテインメント用に分けた、ツインドームにしたらどうだろう？」

「できるだけ死角をつくらず、どの席からも同じ星空が見えるといいよね」

様々な意見が飛び交う。

それぞれの思いはやがてひとつの目標に集約していく。

「プラネタリウムを見た日の夜、本物の星空を見上げてほしい」

開館してからずっと、名古屋市科学館の解説者が大事にしてきたことだ。

今日はプラネタリウムできれいな星が見られたね、よかったね、で終わらせたくない。プラネタリウムで学んだことを、本当の夜空で確認してほしい。ではどうするか。本物の夜空を見上げたとき、プラネタリウムで見たのと同じように惑星や星座を見つけることができれば、興味は広がっていくだろう。

つまり、プラネタリウムで再現するのが「限りなく本物に近い星空」であればよいのだ。

06年元日。中日新聞の一面に「世界最大の星空　名古屋にキラリ」という記事が掲載された。「名古屋市は、２０１０年までに改装する市科学館（同市中区）に、直径30メートルを超える世界最大のドームを備えた最新のプラネタリウムを導入する方針を固めた。（中略）

現在、世界最大のプラネタリウムは愛媛県総合科学博物館にあり、直径は30メートル。名古屋市のドームはこれを上回る規模に加えて、明るさや色彩、瞬《またた》きなどを本物に限りなく近づけた星空を再現。

内容でも、光ファイバーを使った鮮明な映像で年間約100万人を集める米ニューヨークのヘイデン・プラネタリウム（直径21メートル）に匹敵するものを狙う」とある。

「無限に広い宇宙を表現するのだから小さなドームじゃ物足りない」

山田卓《たかし》もこう書き残していた。

小さなドームでは、本物らしい空は体感できない。夏や冬の大三角も空が小さいぶんだけ小ぶりに見えてしまう

中日新聞　2006年（平成18年）1月1日（日曜日）

世界最大の星空　☆名古屋にキラリ

30メートル超プラネタリウム

科学館

名古屋市科学館に導入される世界最大のドームを備えたプラネタリウムのイメージ図

名古屋市は、二〇一〇年までに改装する市科学館（同市中区）に、直径三十メートルを超える世界最大のドームを備えた最新のプラネタリウムを

し、星座の形が歪《ゆが》んで見えてしまうこともある。ドームが大きければ大きいほど、見学者は星空の下にいる臨場感を持ちやすく、宇宙の中にいる小さな自分を実感できる演出が可能になるのだ。

なにしろ本物の夜空は１３８億光年向こうまで広がっている。すばらしい星空に出会ったときの、吸い込まれそうでちょっと怖いような、不思議な感覚まで再現できたらどんなにいいだろう。宇宙の大きさ、深さを表現するためには、大きなドームが有利なのである。

しかし、投影機は最大どれだけ離れたスクリーンに星を映し出せるものなのだろうか。

カール・ツァイス社が87年にストックホルムで直径１００メートルのドームに投影した実績があった。しかし、これは一過性のイベントでのこと。常設のものとしては最大の50メートルで、と検討を始めると、投影機の性能以外の問題に突き当たった。直径50メートルドームの建築を実現するためには、科学館の古い建物をすべて取り壊し、隣《となり》の駐車場もつぶし、新しい建物につくる展示室も狭くしなければならない。

さらに、施工期間の問題も浮上した。建物をすべて壊し、その場所に新しい館を建て直すには、３年間は休館しなければならない。ところが、名古屋市科学館のプラネタリウムでは、保育園や幼稚園児、小学4・6年生を対象とした学習投影を行っている。休館の時期にあたった子どもたちが不利益を被《こうむ》ってしまうので、休館は可能な限り短くしてほしい、という要請があった。古い建物で投影を続けながら新館を建てるとなると、許される敷地《しきち》面積では直径40メートルのドームも入りきらない。

その結果はじき出されたのが、直径35メートルという数字だった。07年6月、35メートルのドームでの基本計画が発表された。90年代後半、野田の前任の北原政子らが作成したリニューアル案をベースに、1年以上かけて綿密に練り上げた計画である。床下からドーム裏までの総工費は25億円。ビッグプロジェクトが動き出した。

前例なきプラネタリウム改築がスタート スタッフ忙殺の日々が始まる

新たなプラネタリウムは、光学式プラネタリウムとデジタル式プラネタリウムとの両方を備えたハイブリッド式。照明装置や音響装置など複数の機器も含まれる一大システムが製作されることになった。なにしろ前例のない、世界最大のプラネタリウムを作るのだ。既製の機器やシステムではとてもまかなえない。名古屋市科学館のスタイルにあわせてオーダーメイドで作る機器を、相互にうまく連動するように設計する。

設計と工事には、コニカミノルタプラネタリウムが入札の結果選ばれた。同社が提案した計画は、公開した入札条件の予算限度額いっぱいを性能面に振り向けたもので、他社の提案よりも9億円高いものだった。しかし、これから長い年月をかけて、名古屋市の教育、文化のために役立てていこうという施設だ。単純に入札価格だけでは評価できない。機器の性能やランニングコストなど様々な要素を総合的にみていく必要があった。

現場の実情に合った判断をと、スタッフの想いを汲《く》み上げた采配《さいはい》を振ってくれたのが、選定委員長の海部宣男だ。元・国立天文台長で、ハワイのすばる望遠鏡などの立ち上げに関わった人物である。

「プラネタリウムを現場で実際に使う人たちの意見を聞いたうえでないと、意味のある審査はできません」

こうした入札の審査は、選定された委員のみの判断で決せられることが多いが、海部は現場のスタッフの意見をきっちりと聞き入れてくれた。

「提案書や業者のプレゼンテーションだけではなかなか優劣が決められず、結局金額で決まってしまいがちなところを、本質にずばりと切り込み、誰もが納得せざるを得ない結論に導いていく、素晴らしい采配でした」
野田学は今でも、この時の海部への感謝の念を忘れない。最高のプラネタリウムができるお膳《ぜん》立ては揃《そろ》った。

08年。名古屋市科学館天文係はかつてない忙しさに見舞われていた。

大西は就職してもう４年目だ。優しい口調の語りにファンもつき、「大西さんの投影は何時からですか？」と尋《たず》ねてくる人もいた。96年から年に１、２度、聴覚障害者を対象に上映している字幕付きのプラネタリウムなど、通常のプラネタリウム投影以外の事業も担当するようになった。

今年から、同じ関西出身の後輩もできた。光学メーカーから転職してきた、持田大作だ。鈴木が天文係を去り、リニューアルの最も忙しい時期を支えるスタッフとして採用された。ふたりともまじめで朴訥《ぼくとつ》ながらも、胸の奥に情熱を秘めたタイプだ。

いよいよリニューアル計画が具体的な作業へと本格化

夜間観望会のひとコマ。65cm望遠鏡の接眼部で大西学芸員が説明している

し、野田と毛利はプロジェクトの推進に大幅に時間をかけるようになっていた。建設会社、プラネタリウムの製造会社など様々な関係者との会議を重ねる。会議は週2、3回のペースで行われ、定例のものだけでも3年のうちに117回にも及んだ。以前からリニューアルを見据《す》えて世界のプラネタリウム動向を調査しておこうと海外視察を行っていたのだが、改めてアメリカのシカゴで行われた国際プラネタリウム協会の総会に出席したり、サンフランシスコ、ロサンゼルス、北京などあちこちの施設へ見学に飛び回ることにもなった。

人の面は最大の難事だった。持田が加わっても、天文係はいつもと変わらぬ6人体制。前述の設計施工を進めながら、生解説もいつも通り、1日5回行う。テーマももちろん今までどおり、毎月変わる。

大西も夜遅くまで残業することが増えてきていた。仕事は倍増、人員は変わらず。だからといって、解説の手を抜くことはできない。見学者の期待を裏切ることはできないのだ。

08年10月、プラネタリウムドームの球体部分の工事が始まった。31本の支柱を立てて、その上に球体の下半分の鉄骨をらせん状に、順々に組んでいく。球体部分の総重量は約400トン。これを、さらに立てた4本の太い支柱で支える。直径約76センチ、高硬度コンクリートを注入した鋼管製の頑強《がんきょう》な柱だ。球体が4本の柱でしっかりと支えられたことを確認したら、支柱を慎重に慎重にはずしていく。すべての支柱が外れ、09年12月、半球が宙に浮いた。

名古屋の街の、科学館がある伏見界隈《かいわい》は碁盤《ごばん》の目。プラネタリウムドームは目抜き通りの突き当たりにあり、ひと駅向こうからも見通せる。そんな場所に現れた宇宙船のような巨大な半球。誰もが驚き、多くのマスコミが取材に訪れた。

10年の初め頃、構造の異なる上部球体が作り上げられていく。上半球の中には柱もなにもない。これでプラネタリウムの空間ができた。球体の中心から3メートルほど下のところを床として、球体頂部までの高さ約20メートル。できたばかりのその空間に、ヘルメットをかぶって初めて入った野田は、その大きさに圧倒された。

「こんな巨大な空間で、本当にプラネタリウムができるんだろうか…」

こうして名古屋の新しいランドマークとなる、巨大な球体ができあがったのだった。

長島町通りから見た建設中のプラネタリウムドーム

旧プラネタリウムドームと並ぶと大きさの違いがわかる

完成した新プラネタリウムと旧プラネタリウムが並ぶ、今では見られない貴重なショット

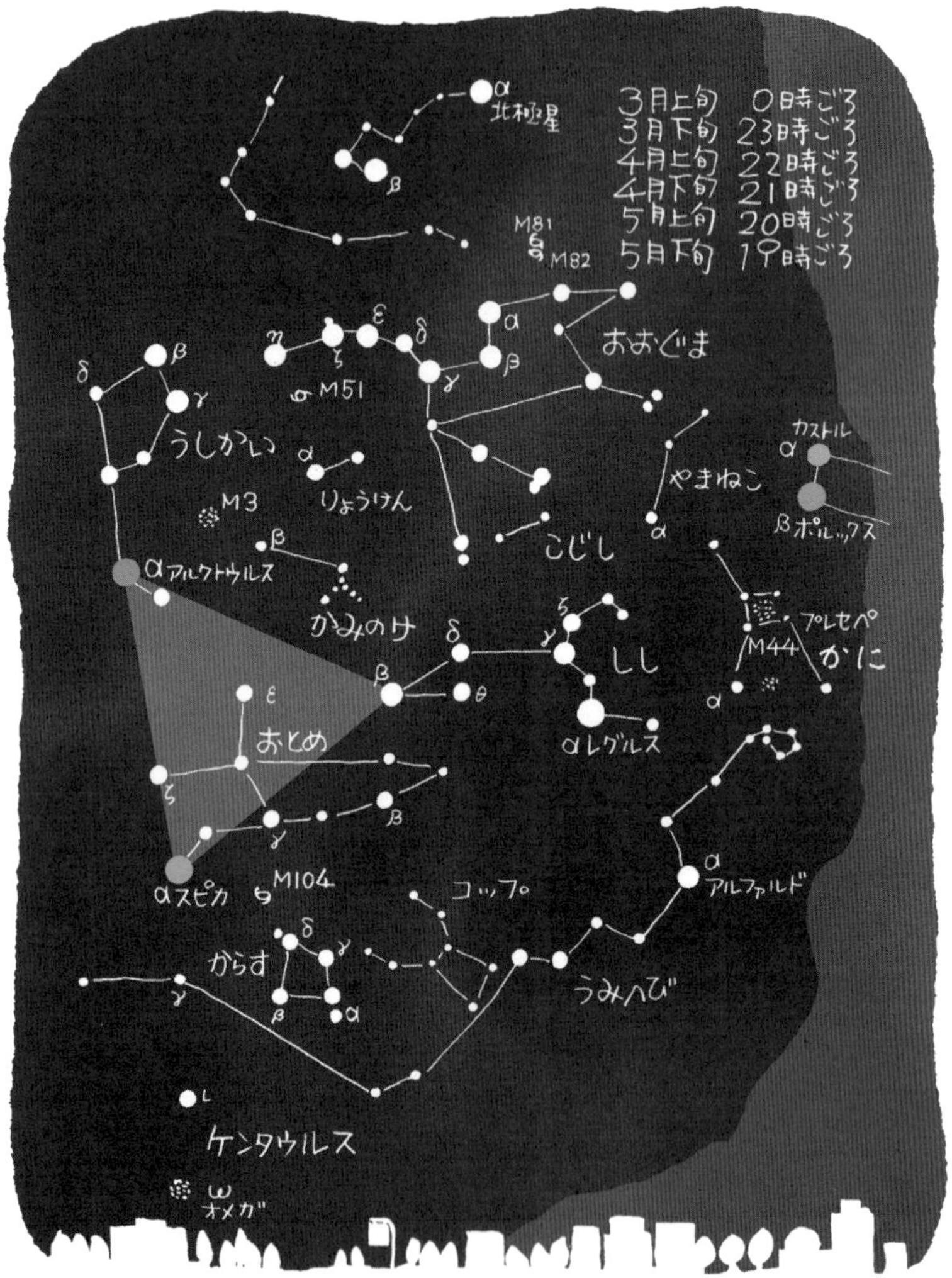

南

春の星空

天文係学芸員の星空コラム　　持田　大作

春は有名な夏の大三角と冬の大三角の間に挟まれた空に、明るい星や目立つ星の並びがあります。中でも際立っているのが、オレンジ色に輝く星・アルクトゥルスです。うしかい座の0等星で、「麦星」という呼び方があります（0等星は1等星よりも2.5倍明るい星です）。麦の収穫時期を教えてくれる星で、麦刈りの時期である初夏に入ると、宵《よい》の南の空高くに昇っています。このアルクトゥルスとペアになるのが、少し低空で青白く輝くスピカです。おとめ座の1等星で、青みがかった色が美しい星です。日本では2つを対にして「夫婦《めおと》星」と呼びました。男星のアルクトゥルス、女星のスピカ、2つの星は色違いの素晴らしい組み合わせです。

さらにこの2星に、西側にある明るさがやや控えめな2等星デネボラ（図ではβ）を結ぶと、大きな正三角形ができます。これが「春の大三角」です。2等星を含むため、夏や冬の大三角に比べて見劣りはしますが、明るさと色のバランスが絶妙です。0等星、1等星、2等星と明るさがちょうど1段階ずつ異なり、色もオレンジ、青白、白と違う組み合わせとなっています。デネボラはしし座の獅子のしっぽにあたる星で、胸には白色の1等星・レグルスが輝きます。しし座は形がわかりやすく、郊外で眺《なが》めるとライオンの姿をなんとかイメージできます。

しし座の北側にはおおぐま座があります。大熊の背中からしっぽにかけて7つの星がつくるひしゃくの並びが北斗七星です（図のα-β-γ-δ-ε-ζ-η）。北斗七星は星座ではありません。7つの星に対して中国でつけられた名前です。街中でもなんとか見つけられる明るさで、「ほ、く、と、し、ち、せ、い」と1つずつ星をたどると、言葉数と星数とがうまく一致します。

熊にしては長過ぎるしっぽは、森の王が熊のしっぽを握《にぎ》ってグルングルンと振り回して、熊を空に放り投げた名残だといわれます。そのまま空に昇った熊が星座になりました。長いしっぽを曲がりのまま東へ延ばすと、先の夫婦星にたどり着きます。北斗七星と夫婦星を結ぶ大きなカーブを「春の大曲線」といいます。

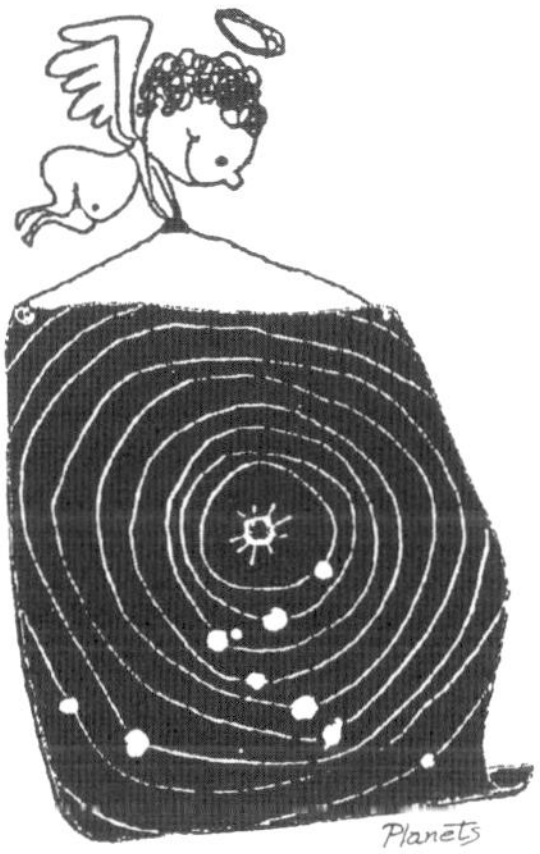

第5章
理想のプラネタリウムを現実のものに

本物に近い、鋭《するど》く輝《かがや》く星を再現
旧プラネタリウムと同じ
カール・ツァイス社の最新投影機

09年4月、大西高司学芸員は2週間後に結婚式を控えていた。

プラネタリウム機器の詳細設計が急ピッチで進められていた頃だ。メーカーとの打ち合わせから戻ってきた野田学天文係長は、天文係のソファに大西が横たわっているのを見つけた。

開館営業を続けながらのリニューアル工事で、野田と毛利勝廣学芸員とが中心になってプラネタリウムの設計を進める中、現場を大西ら若手が守っていた。1日5回の生解説に加え、新館に設置する新しい展示の企画制作会議や、新館への引っ越しに備《そな》えての資料整理などもある。疲《つか》れていて当然だ。が、そのときの大西はどこかただならぬ様子であった。

「…どうした?」

野田が声をかける。

「頭が痛いんです。少し休んでいれば治ると思います」

弱々しい声が返ってきた。大西は以前にも職場で頭痛を訴《うった》えていた。その時は頭痛薬を飲んでおさえることができたのだが、今回は顔色もかなり悪く苦しそうだった。

「再来週には結婚式だろう。そんな状態だと嫁さんも心配するだろうから、病院でちゃんと精密検査を受けたほうがいいぞ」

その日は早く帰って休養をとらせた。大事でなければよいのだが…。今の状況では、短期間の欠員であっても天文係全体に重くのしかかる。

真面目で正直だけれどどこか抜けていて、それが憎めない大西。野田は、プラネタリウムの常連だった花嫁の顔を思い浮かべる。ほんわかしていて、なんともほのぼのとしたカップルだ。なにより無事に新生活のスタートを切れるとよいのだが…。

新しいプラネタリウムドームの中心に鎮座《ちんざ》する光学式プラネタリウムは、旧館のプラネタリウムと同じ、カール・ツァイス社製の最新投影機「ユニバーサリウムIX型」となった。

光学式プラネタリウムでは、光源から出た光が、恒星の位置に合わせて正確に空けられた恒星原板上の微細な穴を通り、投影レンズを介してドームスクリーンに星の像を結ぶ。ユニバーサリウムIX型では、ひとつひとつの穴に光源から直接グラスファイバーで光が導かれていて、光が無駄《むだ》に漏《も》れてしまうことがない。そのため、従来の約10倍も効率よく光を導くことができ、より明るく、シャープに輝く星が再現できる。光源も、以前は高温を発する1000ワットの明るいハロゲンランプを使っていたが、ファイバー方式では、ドームが倍近く大きくなるにも関わらず、無理に明るい電球を使う必要がない。実際の星に近い色が再現可能な*400ワットのアークランプを使えるようになった。

原板にあける穴も従来より小さいもので済む。光学式プラネタリウムでは、明るい星は大きな穴、暗いかすかな星は小さな穴と、原板の穴のサイズを変えることで明暗の差を表現するようになっている。しかし、実際の星は、肉眼や望遠鏡でも面積を感じられないくらいの鋭い点像だ。星の大きさに違いがあるように見えてしまうと、本物の星らしくない。その点、ユニバーサリウムⅨ型では95％以上の星を

＊2018年には光源を高輝度LEDに変え、2021年には「天の川投影機」を光学式プラネタリウムとは別に新設するなど、現在も進化を続けている。

球形の「ユニバーサリウムⅨ型」。足下にあるのは太陽と月、惑星の投影機

人の目の分解能以下の大きさで表現でき、より本物に近い星像が得られる。ひとつひとつの星に１本ずつのグラスファイバーを割り当てているため、実際の空と同じように、それぞれの星を独自のタイミングで瞬《またた》かせることもできる。

人間の肉眼で見ることのできる星は約６等星までだ。山奥で見ることのできる「降るような星空」で見える星は、北半球と南半球で見られる全天の星をあわせて約９０００個だ。この頃ではプラネタリウムの性能も上がり、１億個以上の星を映し出す投影機が実現されているが、名古屋市科学館で目指すのは、あくまで「限りなく本物に近い星空」。自然の星空への入り口としたいから、肉眼で見えないものまでは見せない。したがって、投影できる星の数は約９０００個にとどめた。ユニバーサリウムⅨ型の丸い本体の中には、細いグラスファイバー約９０００本の束が納《おさ》められている。

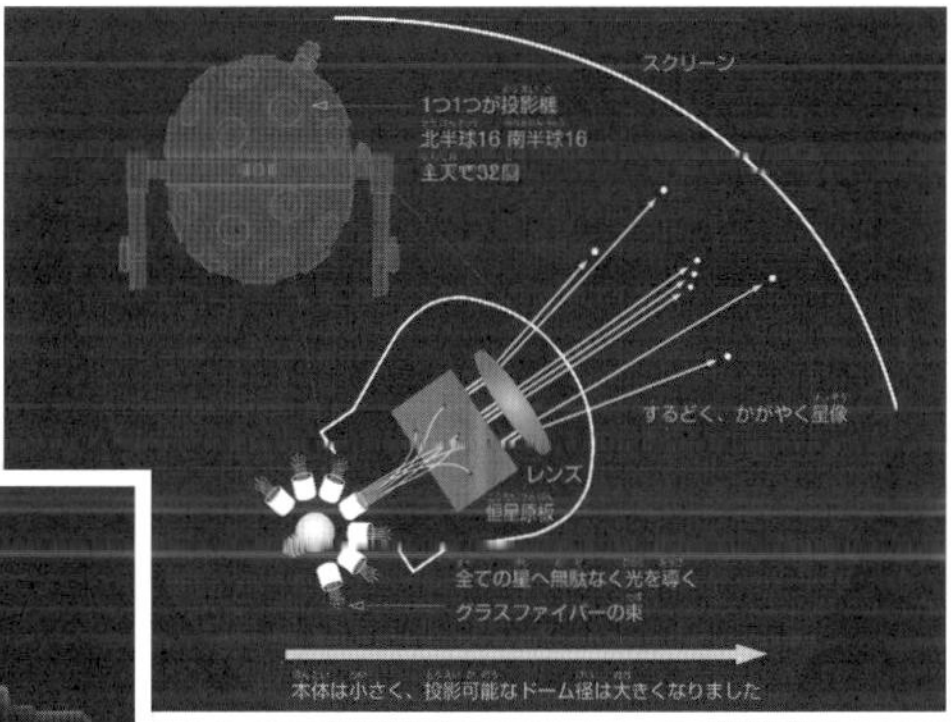

投影ユニット単体の断面図とカットモデル。無数のファイバーが収納されている

1等星と一部の2等星の明るい星には、目で感じられる色もある。オリオン座の左上にあるベテルギウスは赤、右下のリゲルは青白、おおいぬ座のシリウスは白、といった具合だ。ユニバーサリウムⅨ型では、グラスファイバーの先端に色素を載《の》せて色をつけるが、色素を載せたぶん光量が減るので、星の穴を大きくして調整しなければならない。ドームの大きさが世界初ということもあり、明るさによる肉眼の感色性の変化と、色素の量と穴の大きさの関係は、計算だけでは再現しかねた。

そこで野田と毛利は、ドイツ・イェナにあるカール・ツァイスの工場にこのところ三度も出向いていた。自分たちの目と感覚をたよりに、ひとつひとつの星に色素の色と厚みを指定し、必要な場合は穴のサイズを変更する。その間に、投影機の基本動作や、オーダーメイドした星座絵、日本仕様の目盛り類、惑星や星雲星団の表現など、すべての投影像が正しくできていて、35メートルドームでの投影に耐えうるかどうかを確認した。肉眼だけでなく、双眼鏡を用いたり、はしごを登って高いところからもチェックしたりした。

日本に投影機が運ばれてから調整できる事柄は、機械的にも時間的にも多くない。つまり、滞在できる短い期間で、これから40年は使う機能のすべてをチェックしなければならない。行き帰りの飛行機と列車以外は暗いドームの中で過ごし、ホテルへの往復は早朝と日が暮れてからの暗い時間。とてもドイツに来ている気がしない。目も肩も腰もくたくたになる日々だった。

帰国すれば会議、投影、会議、投影と青息吐息だ。

疲労が溜《た》まる中、事故も起きてしまった。持田大作学芸員と昼食に出かけた毛利が、次の回の解説に間に合うよう急ぎ足でプラネタリウムへ戻ろうとしていて、公園の石段を踏《ふ》み外《はず》したのだ。気がつくと、左足がくるぶしのあたりから横に曲がっていた。救急車で搬送されて、診断結果は左足関節の複雑骨折だった。

毛利は翌月、車いすと松葉杖で職場復帰した。建設時に実際に車いすの人がいたおかげで、名古屋市科学館新館のバリアフリー対策が進んだ。新設された元素周期表の展示のチタンのところには、医療用チタンの実物が展示されているが、これはこの時の骨折で毛利の足に埋め込まれたものだ。転んでもただでは起きない、と新プラネタリウムが完成した今なら笑えるが、毛利の欠勤でできた設計スケジュールの穴はとても大きかった。

大西の結婚式は09年5月、予定どおり無事に挙げられた。雲ひとつない、素晴らしい快晴の日だった。

大西の精密検査の結果が出たのはその数日後だ。脳に腫瘍ができていた。

どれも世界初！
世界最大のドームスクリーンと投影を支える音響、照明システム

見つかった脳腫瘍は、すぐさま手術で除去することとなった。高い技術を必要とする手術だったが、無事成功した。

ただ、腫瘍は脳の言語中枢に接するようにできていた。担当医師は「障害が残らないギリギリのところ」で除去してくれたが、術後しばらくは言葉を発することができなかった。

療養期間は2ヶ月ほど。最初は思うように言葉が出ず、もどかしくて涙することもあった。ＮＨＫの話し方講座に通うなど、必死の努力で言葉を取り戻した。病気療養中でも、星がよく見える日は家にいなかった。妻は、いそいそと天体望遠鏡を抱えて出て行く大西を「いってらっしゃい」と見送った。

科学館では、プラネタリウムにスクリーンを貼る作業が完了しようとしていた。

ドーム天井に届く高さまで建てられた巨大なやぐら

スクリーンはおよそ縦2メートル、横1メートルの、穴が開いたアルミ製のパネルを貼り合わせて作る。アメリカのアストロテック社で一度組み立てられ、形状確認され、そのまま水平を保って運ばれてきたものだ。高さに合わせて形状や曲率が微妙に調整されている。

スクリーンの反射率は62%。映像を明るく出すには反射率が高いほうが有利だが、星空の背景の黒を深い漆黒にするには反射率が低いほうがよい。相反する要求に折り合いをつけるため、コニカミノルタプラネタリウムの試験用ドームで何度もテスト投影してたどり着いた値だった。

ドーム壁面に沿ってかまぼこ型の

高さ20メートルのやぐらを組み、2、3人の職人がそれに乗って下から順に1段ずつ、パネルを貼っていく。パネルの総数は697枚だ。わずかでもスクリーンに歪《ゆが》みがあると、星を投影して日周運動をさせたときに、不自然な動きとして目についてしまう。いかにパネル同士の重なり部分を最小限にし、1枚1枚を均等な力で止めて、温度差が生じても力のかかり方が一定でなめらかな真球にできるか…。職人の腕の見せ所だった。

全部で9段、3ヶ月かけて理想のドームスクリーンが完成した。巨大なうえに継ぎ目がほとんどわからず、普通の人の目では距離感がつかめない。ドームの大きさと相まって、本物の空と同じように、真上方向が平らに感じられる、本物に近い印象の空に仕上がった。

スクリーンの裏には、解説者の声や音楽を流すスピーカーが設置されている。パネルにはわずかな穴が開いているが、小さな穴をくぐり抜けて出てきた音の波は、波面が乱れている。さらに、35メートルドームではドームの直径分を音が伝

世界初の音響システム「ディーシックス」の操作部

わるのに0・1秒かかるので、壁にはね返ってくる反射音と直接耳に入ってくる音とで、最大0・2秒のタイムラグが生じる。これらの問題を解決するため音波を適切に歪めたり遅らせたりする制御装置を兼《か》ね備えた、ドーム全体で66系統のスピーカーが設置された。位相差までリアルタイム制御できる、このヤマハサウンドシステム社による世界初の音響システムは「ディーシックス」と名付けられた。

　星空の他にもうひとつ、新しいプラネタリウムドームで再現させたいものがあった。青空、夕暮れ、そして夜空へと空の色や明るさの移り変わりを見せるのは、実は日本のプラネタリウムの特徴でもある。ヨーロッパやアメリカのプラネタリウムでは、解説者が挨拶するなり、すぐに灯りを落として夜にしてしまう、ということが多い。そこには西洋と東洋での自然に対する考えの違いがあるのかもしれないが、名古屋市科学館ではとにかく、この夜の世界へと没入していく時間を大切にとらえてきた。

「ブルーが均一な、きれいな青空にしたいよね」

　これを実現させたのが、3Dのコンピューターシミュレーションで設計を行った照明システムだった。照明機器はドームの下縁にしか置くことができず、20メートルもの高さがある歪曲したドームを一様に照らしあげるというのは、照明機器メーカーのベテラン職人でさえも音を上げるような難問題。最初は野田も毛利も頭を抱えたが、綿密なシミュレーションの結果、光ムラのない青空照明と地平線があかね色に染まる朝夕焼けの投影装置とが完成した。東芝ライテック社によるこの効果照明システムは、「スカイペイント」と名付けられた。

音響も照明も、前例のない35メートルドーム用に新たに開発されたもの。これらの機器を、これまた35メートルドーム用に開発されたコニカミノルタプラネタリウムの統合システム「アイパック35」が、解説者が生で話をしながら効果的に動かせるよう制御している。

なにもかもが「初めて」だった。

工事が着々と進んでいく中、大西も順調に回復し、7月、天文係に復帰することができた。

「新しい道が見えてきたかも！」

仕事から帰宅後、大西が嬉しそうに妻に話したことがある。病気で生じた言語障害を克服しようと努力した結果、生まれたのは新しい自信だった。速く話すことができなくなったぶん、プラネタリウム解説では以前よりも言葉を選び、端的にはっきりと話せるようになった。

新しいプラネタリウムに向けて、新しい気持ちで踏み出した、そんな夏の日だった。

迫力ある表現を叶える
デジタル式プラネタリウムと
ミニドームを備えた制作システム

復帰した大西は、持田とともにデジタル式プラネタリウムを担当、ドーム全大に広がる数々の映像シーンを制作した。

ビデオプロジェクターで映像を映すデジタル式プラネタリウム。名古屋市科学館で新設したデジタル式プラネタリウムは、24*台のコンピューターで分割・調整した映像を、6台のプロジェクターで継《つ》ぎ目なく投影する一大システムだ。これで対角8000ピクセルという巨大な円形の画像をドームいっぱいに映し出す。

これらのプロジェクターはドーム周縁に設置され、ドームの反対側に映像を映し出すため、投影距離はドーム直径と同じ35メートルとなる。必要な解像度を保ったうえで、35メートルの距離で充分な明るさや解像度を実現できるプロジェクターは、当時2機種しかなかった。

＊2021年9月時点では、12台の高性能コンピューターと6台の8Kプロジェクターで、対角16000ピクセル相当の画像が映し出せるようになっている。

一辺35メートル以上の広さで、真っ暗にできることを条件に場所を探し、09年3月、浜松にある展示ホールを借りきった。テスト投影に、野田と毛利のふたりで向かう。がらーんとした展示場に超高解像度ビデオプロジェクターが2台。展示場には窓がないが、真っ暗闇にするため、扉には念のための目貼りのテープが貼られている。AとBの2台のプロジェクターに、コンピューターから実際のプラネタリウムで使う映像が送り出され、35メートル先に設置したスクリーンに映し出された。

同条件で同じ画像を映し出すと、カタログ上では見えてこない性能の違いがよくわかる。Aはカタログに載っていた性能通り、画像全体が明るく感じられたが、黒が真っ黒に見えなかった。一方、Bは画像の明るさはAに劣るものの、黒が締《し》まって見えた。中間的な明るさでは、コントラストの強いBのほうが明るく感じられるほどだ。プラネタリウムで光学式投影機と併用する際、プロジェクターの黒が真っ暗に映らないと夜空がぼんやり明るくなってしまう。結果、Bのプロジェクターを採用することになった。

ユニバーサリウムIX型の足下*には、さらにドーム地平線に３６０度のパノラマを映写する16台のプロジェクターが設置されている。これで名古屋の街はもちろん、南極越冬隊員に依頼して撮影してもらった映像をもとに制作した南極昭和基地の雪景色

＊パノラマ用のプロジェクターは、レーザーを光源とする高輝度・高コントラストのプロジェクターが開発されたのを受けて、ユニバーサリウム足下から２０２１年にドーム周縁に移設した。台数は16台から8台に減ったが、画質の３２０００ピクセル相当は変わっていない。

や、ハワイのすばる望遠鏡から見た風景、種子島のロケット発射場、火星探査車が撮影した火星の地面、手描きの山々のイラストなど、様々な景色を再現できる。全天プロジェクター用の24台とあわせて40台のコンピューターが同期し、ドーム全体のデジタル映像を作り出している。

大西がつくったのは、このシステムで投影する名古屋市科学館オリジナルのCGだ。たとえば太陽系の惑星を順々にめぐる「宇宙旅行」の映像。火星に飛びこんで地表の山や谷スレスレを飛んだり、土星の環《わ》の間をくぐったり、海王星にぶつかりそうになったり、と遊園地のアトラクションのような迫力ある映像は、幼児投影やファミリー向け投影で子どもたちを大興奮させている。

他にも国際宇宙ステーションをあらゆる角度から自在に眺《なが》めることができる、3次元モデルを使った映像や、宇宙空間から見た恒星や銀河、無数の渦巻《うずま》き銀河が衝突・合体をくり返しながら成長していく様子を再現したものなど、様々な迫力ある映像を用意した。

映像づくりの作業は楽しかった。

どうすれば宇宙を楽しく感じてもらえるだろうかと、天文係のスタッフ6人で相談して出てきたアイデアが、コンピューターの中で思い通りの形になっていく。自分が

制作室での映像制作。5m ドームに星座境界線と土星が映っている

面白いと感動した天文学の内容や、これまで解説をする中で得た〝見学者の疑問〟に答えられるような内容が、絵になる。天文オタクにとって、こんな楽しいことはない。

制作は、新プラネタリウムの階下に設けた制作室で行った。ここには直径5メートルのミニチュアドームがあって、試験投影ができるようになっている。5～10分程度の映像演出でも、制作にはかなりの時間を要する。閉館後の作業だけでは、月替わりのテーマ解説用の映像制作がとても間に合わないだろう。そう考え設置した、名古屋市科学館天文係自慢の設備だ。集中して作業を進められる、よい環境でもあった。

「デジタルプラネの映像は麻薬みたい

なものだからね」

世界各地のプラネタリウムを視察してきた、野田学は言う。

「映像の迫力に最初はしびれるんだけれど、すぐに感覚が麻痺《まひ》してきて、もっともっと刺激が欲しくなる。うちのプラネタリウムではじっくりと星を見て、宇宙と対峙《たいじ》してもらいたいからね。全天映像の使い方には気をつけないと」

デジタル技術を活かしながらも、その技術に呑み込まれない。デジタル式は、名古屋市科学館ではプラネタリウムの投影に華《はな》を添《そ》える、スパイスのようなもの。いい塩《あん》梅《ばい》の映像を、いい塩梅に活用する。大西の制作したたくさんの映像は、現在も要所要所でプラネタリウムの全天に広がっている。

さよならツァイスⅣ型
たった10日間の引っ越し

ばさばさばさっ。天文雑誌が床に散らばった。

持田学芸員は思わずため息をつく。「またのぼり直しか…」

名古屋市科学館新館の倉庫に設置された本棚は、大人の背丈の倍以上の高さ。持田はその巨大な本棚に、旧館から持ってきた膨大《ぼうだい》な数の雑誌資料を詰める作業をしている。背が届かないところには、片腕に本を抱《かか》え、片腕でサルのようにひょいひょいと棚の側面をつかんで登った。専門誌には重いものが多い。腕はすっかり筋肉痛だ。

10年9月、天文係は10日間での引っ越し作業に大忙しだった。

もともと10年のゴールデンウィークを最後に、名古屋市科学館は休館となる予定だった。リニューアルプロジェクトと日々の投影とを併走したこれまで約3年間、よく堪《た》えてきたと思う。休みに入ったら展示物や資料などを整理しながら旧館から新館へ移し、余裕を持って旧館の取り壊しを始める、というのが当初のスケジュールだ。

ところが、毎年夏休みに開催する夏の特別展を中止したくない、という話が持ち上

がった。結果、夏休みの終わりまで旧館での営業を延長することが決まったのである。3ヶ月半あったはずの引っ越し期間が、10日間に短縮された。延長期間中は、プラネタリウムの投影も毎日やり続けることになる。天文係一同、思わず頭を抱えた。

引っ越し作業の取りまとめは、持田に任された。野田と毛利は新しいプラネタリウムの設計会議や確認作業、そしてドイツから出荷されてきたユニバーサリウムⅨ型の搬入で手いっぱい。服部完治学芸員と小林修二学芸員が中心となってプラネタリウムの運営を続け、まだ無理のできない大西は展示品や資料の整理に当たった。

その間も、解説は天文係のスタッフ全員が行う。10年の7、8月のテーマは「プラネタリウムのすべて」。フィナーレを飾る2ヶ月連続のテーマだ。引退を迎えるツァイスⅣ型が映し出す星空はもちろん、惑星運動や緯度変換など、機械仕掛けで再現される機能をじっくり見てもらおう、というものだった。

62年に旧西ドイツの田舎町、オーバーコッヘンから名古屋にやってきて48年。ツァイスⅣ型はのべ1550万人の市民におよそ5万時間、星空を見せてきた。約5万個もの部品からなる鉄アレイ型の精密機械が映し出す星々には、独特の温かみがある。

8月31日、ツァイスⅣ型最後の投影の日。昼と夕方とに、ツァイスⅣ型との記念撮影会が開かれた。約千人の家族連れやプラネタリウムファンが集まり、長年親しんだ

大勢のファンがツァイスⅣ型の最後の姿にカメラを向けた

投影機との別れを惜しみながらレンズを向けた。

「おつかれさま、今までありがとう」

最終投影は、このツァイスⅣ型で最も長く解説してきた服部完治が担当した。この日は、日が昇る演出をなくした。満天の星を人々の心に焼きつけるように、星空が投影されたままのドームがゆっくりと明るくなる。

「さあ、明るくなってきたところで、本日の最終回の投影を終わります。48年間、本当にありがとうございました」

ツァイスⅣ型を温かい拍手が包む。星の数ほどの思い出が、この旧館の20メートルドームで育まれた。

引退したツァイスⅣ型は、新館の天文

ツァイスⅣ型の移設作業。
大勢のスタッフで慎重に行った

65cm 望遠鏡をクレーンで吊り下ろす

展示室で余生を送ることになった。壁から10メートルの位置に置かれ、いざというときにはピントの合った星を投影できる、という設計だ。

最後の投影から10日後、搬出作業が行われた。本当は人力で運べる大きさにまで分解し慎重に運ぶはずだったのだが、作業期間が短縮されたため、本体と足の部分の2パーツに分け、クレーンで吊って3階から、半ば強引な形で下ろすことになった。足場を組み、チェーンブロックで慎重に吊り上げて、木箱の中に格納する。3・6メートル×1・8メートルの巨大な箱を、古いプラネタリウムドームの扉をはずし柱を切断して、外へ出す。クレーンで地面に下ろされ、トラックで新館の大型エレベーターまで移動、そこから新館5階の展示室に移動した。

　山田卓が85年に導入した65センチ望遠鏡も、同様に新館展示室に引っ越した。天文係のスタッフとしては、思い出深い望遠鏡を新館でもそのまま利用したかったのだが、新しい建物の構造では赤道儀を作り替える必要があった。また、巨大クレーンでの屋上からの吊り下ろし作業のコストや工期を勘案《かんあん》すると、望遠鏡を新しくしたほうが効率的だった。新館の屋上には新しい80センチ望遠鏡を設置し、65センチ望遠鏡は機能を保持したまま、展示室で過ごすことになったのだった。

　天文係積年の資料の引っ越しも、とにかく段ボールに詰めて移動させることだけを優先し、どうにか無事、完了した。10日間の引っ越しで夜遅くまでの作業が続いた。

　その後、旧館は職員も立ち入り禁止となり、解体工事が始まった。本来なら5年かかる工事を3年に短縮、さらに期間短縮とどんどん過密する作業日程をなんとかこなせてしまったのだが、その矛盾はスタッフのマンパワーでカバーされていた。しわ寄せは、後に一気に爆発することになる。

Planetarium

星空の妖《あや》しさに魅《み》せられて

天文係学芸員の星空コラム

服部 完治

私の通っていた小学校は、当時はまだ古い木造校舎でした。「理科準備室」の窓には鉄格子《ごうし》が嵌《は》まっていて、古めかしい扉はいつも施錠《せじょう》されていました。廊下から格子越《ご》しに中を覗《のぞ》き込むと、その開かずの扉の奥には、人体模型だとか、大量の薬品だとか、カエルのアルコール標本といった、訳《わけ》の分からない「妖しい」ものがいっぱい詰《つ》まっていたものです。思えば、当時の子供向け科学雑誌、空想科学小説（死語）、宮沢賢治の童話、さらには、建てられたばかりの「市立名古屋科学館」にも、共通の妖しさが確かに漂《ただよ》っていました。夜の世界を妖しく演出するプラネタリウムなどは、その極致《きょくち》だったと言えるでしょう。

科学とは何と妖しくも心惹《ひ》かれる学問なのでしょうか—。この妖しさこそが、私が星空や宇宙に興味を持ち、理科少年になった原点でした。

その独特の「妖しさ」がいつのまにか世の中から消え失せ、いまでは半導体のぎっしり詰まった「便利な」ブラックボックスが幅《はば》を利《き》かせています。そして夜空には電灯の光があふれ、暗闇と星空が急速に失われつつあります。最近の「理科離れ現象」は「妖しさの喪失」にあると思えてなりません。

人類は「地球」という宇宙船に乗って宇宙を旅しています。星空を眺《なが》めることは、宇宙船地球号の窓から外を眺めること、つまり宇宙を垣間《かいま》見ることにほかなりません。星の輝きは宇宙の神秘《しんぴ》を私たちに語りかけ、月の光は闇を蒼白く照らして人の感性をいたく刺激します。人が自然の一部であるのならば、「夜」という自然現象の本来の姿もまた、決して忘れてはならないものではないでしょうか。

失われゆく「夜」を少しでも記憶にとどめたい—。そんな思いから、私は長年にわたって山に登り「星のある風景」を撮り続けてきました。そして、せめてプラネタリウムだけは、50年来の妖しい雰囲気を守り伝えていかなければと考えています。

「高処《たかみ》の果て」（北アルプス・涸沢岳にて）1991.9.2 ▶
強風の吹き荒れる涸沢岳のナイフ・リッジの頂上で、岩にしがみついて夜を徹した。谷から湧き上がるガスが次々とキレットを越えていく。深夜の稜線に人の居場所などあるはずもなく、小刻みな心の震えが止まらない。

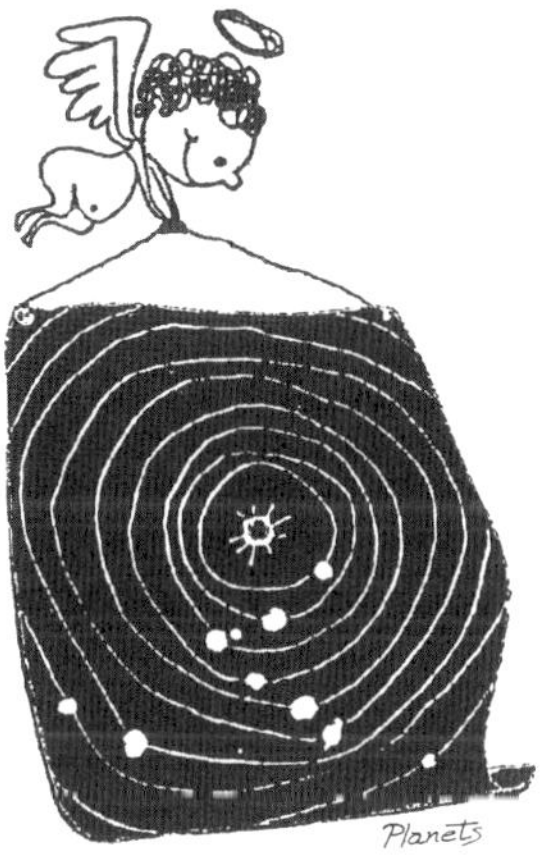

第６章

いつも変わらぬ空を

震災、そして投影機の不具合
新プラネタリウム波乱の幕開け

名古屋市科学館新館のリニューアルオープンは11年3月下旬、平日の予定だった。ところがこれまた、「春休み前の三連休を逃してはならん」と3月19日の土曜日に開館が早められることになった。この変更はまたスタッフ一同に衝撃を走らせた。なにしろ夏休みの終わりまで旧館の営業を延ばしたため解体工事のスタートが遅れ、3月に入ってもまだ古い建物の一部が残っている、というような有様だ。果たして本当に間に合うのだろうか…。

ブラザー工業がネーミングライツを落札し、新しいプラネタリウムドームの名称は「ブラザーアース」と決まった。そのブラザーアースの工事が終わったのが2月28日。けれど、建物の工事はまだ続いていた。天文係のスタッフはヘルメットをかぶって工事用の入り口から入館し、プラネタリウムのドームでヘルメットを脱いで映像制作の準備にとりかかる。そんな日々が続いた。

3月11日の午前、やっとプラネタリウムの仕様最終確認が行われた。この日、野田学天文係長は、プラネタリウムの建築に関わった設計、施工、様々な分野の代表者に

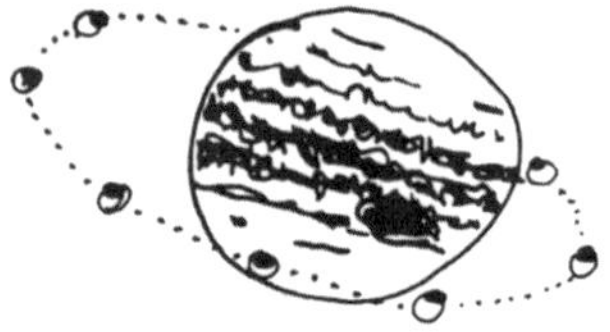

声をかけ、ドームに集まってもらっていた。開館が差し迫《せま》る中、オープニング番組に使用する映像のできはまだ8割程度。それでも新プラネタリウムの建築に尽力してくれた各チームの解散前に、彼らの仕事がどのように結実したのか実感し、誇《ほこ》りを持ってほしいと思ったからだ。

野田が新しい投影機、「ユニバーサリウムⅨ型」の試運転を始める。できたての、まだ工事現場の臭いが残るドームに、一粒一粒が瞬《またた》き輝く、満天の星が光学式プラネタリウムで投影される。やがて星空はデジタル式の映像に切り替わった。オープニング番組『はるかなる星の世界へ』のハイライトシーンだ。星々の間を駆け抜け、銀河系の渦《うず》巻《ま》きを眺め、さらに宇宙の果てまで飛んでいく…本当に宇宙空間を飛び回っているような気分が味わえる、スリリングな体感映像だ。客席からは、控えめだが、どよめきが聞こえた。

試験投影終了後、新プラネタリウム建築に関わったチーム解散前の最後の記念撮影

試験投影が終了しドーム内が明るくなると、この3年の工事期間、ともに奮闘してきた旧知のスタッフが次々に、野田の握手を求めにやってきてくれた。野田はほっと胸をなで下ろした。

波のような揺《ゆ》れがやってきたのは、その日の午後2時50分前。新館1階の事務室で図面に目を落とし、打ち合わせをしていた野田はその揺れをめまいと勘違いした。

「ああ、開館まであと1週間なのに！こんな変なめまい、初めてだ。疲労でとうとう身体がまいったか、困ったなあ…」

一方、6階のプラネタリウムドームで受付の運営スタッフと現場打ち合わせをしていた毛利勝廣学芸員は、すぐさま地震だと思った。

「この揺れは遠い…。でも、かなりでかいな」

大学で地球科学を専攻した毛利は、揺れ方で地震の大体の距離と規模の推測がつく。しかし今回は、これまで経験したものとは違う、波のようで長く続く揺れだった。免震構造のドームは長い時間、大型船が波に揺られたように、ゆっくりと揺れ続けた。

幸い停電はなかった。安全のためにプラネタリウムの機器類の電源を切り、異常がないかチェックした。そしてテレビをつけると、目に飛びこんできた東日本大震災のニュースの速報映像に毛利は言葉を失った。

名古屋は震源からも遠く直接の被害はなかったが、その後の関係者の行き来や部品の調達などで様々な影響が生じた。野田や毛利がリニューアルオープンのことを思い起こすとき、震災・津波のニュース映像の記憶は、今でも必ず一緒に蘇《よみがえ》ってくる。新プラネタリウムに震災の影響による特に大きな問題が生じたのは、震災6日後のことだ。

震災翌日の12日、建物が建設チームから完全に引き渡され、朝からヘルメットなしで普通に入館できるようになった。13日には一般公募の当選者向けの内覧会、15日には報道とプラネタリウム関係者向けの内覧会、18日には国県市の議会と名古屋市の関係者向けの内覧会が予定されていた。19日のリニューアルオープンからはいきなりの3連休が待っている。そんな綱渡《つなわた》りの日程の中でのことだった。

問題が起きたのは17日の深夜。天文係のスタッフは2回の内覧会を無事終わらせ、翌日の内覧会のため、ユニバーサリウムIX型を動かし最終調整をしていた。

「あれ？」

毛利が声をあげる。一部の恒星が映っていない。何かがおかしいぞ、と毛利とコニカミノルタプラネタリウムのエンジニアが原因を探っていくと、32個ある恒星の投影ブロックのうちのひとつに、電源系のトラブルが起こったように見えた。

「行きましょう」

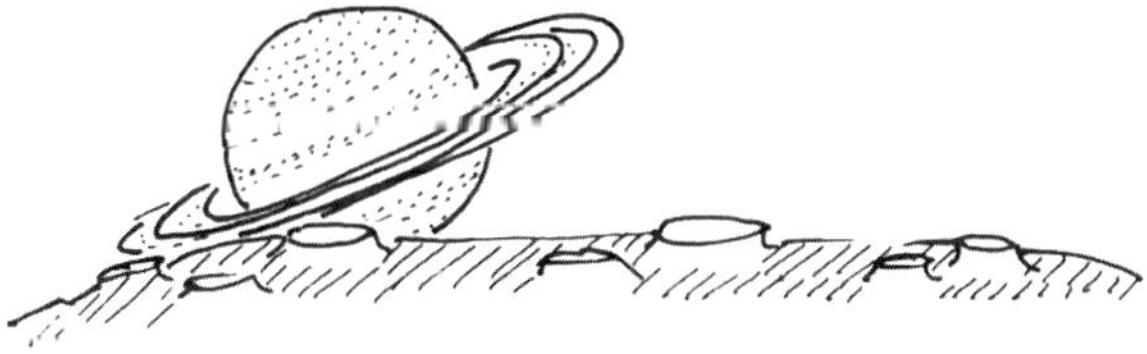

プラネタリウム本体の下に、専用の分電盤がある。二人はプラネタリウムの下に潜《もぐ》り込んだ。分電盤に近づくと、やや焦《こ》げくさい臭いがし、かすかに煙のようなものが見えた。どうも電源部品や回路になにか異常が起きたらしい。

試運転でのトラブルは想定の範囲内だ。しかし、本来ならその日もそこにいて、リニューアルオープンまで立ち会うはずのカール・ツァイス社の技師がいなかった。福島第一原発の放射能漏《も》れ事故の影響で、ドイツから派遣されてきた技師には本社からの帰国命令が出されていた。名古屋には影響がないことを現場のエンジニアがどれだけ説明しても、帰国命令に逆らうことはできず、15日、やむを得ずの帰国の途についた。ドイツとは時差がある。ツァイス社に連絡がとれるのは最短で18日の午後だ。

1日遅れの新プラネタリウム始動

18日の朝から、天文係とコニカミノルタプラネタリウムのスタッフとで、ひとつひとつ原因を探っていった。予定していた内覧会は、展示室を見学してもらうのみとした。

13 社会 E版 2011年（平成23年）

名古屋市科学館

新プラネタリウム故障

あす開館予定 独技師、震災で帰国

十九日に開館予定の名古屋市科学館新館（同市中区栄二）のプラネタリウムが十七日夜の最終調整中、電気系統のトラブルを起こし、投影ができなくなった。製作したカール・ツァイス社（ドイツ）の技師は、東日本大震災で本社から帰国指示が出たため、オープンを待たずに帰国している。プラネタリウムはドームの直径が三十五メートルあり、世界最大。

市教育委員会の担当者は「なんとか十九日の開館に間に合わせたい」と話し、復旧作業に全力を挙げている。

市教委によると、開館に向けて投影プログラムの調整を行っていた十七日午後十時半ごろ、一部の星の映像が映らなくなった。同十時五十分ごろに投影機下部の分電盤から煙と異臭が発生した。

業者が十八日早朝から復旧作業を開始。故障原因とみられる部品の交換を準備する一方、カール・ツァイス社にメールでデータを送り、日本時間夕方となる技師の出勤を待っ

機器トラブルのため、新館開館前日の内覧会でプラネタリウム上映ができなくなった名古屋市科学館＝18日午後、名古屋市中区で

ウチのげんき予報 新田朋子

昨夜トラブルの原因だと思った分電盤は、よくよく調べると異常がなかった。制御系にも異常はない。それなのに、星が投影されない。図面とにらめっこしながら、ひとつひとつ絞《しぼ》り込んでいくと、昼ごろ、星を投影するシャッター系統の電源ユニットが故障箇所《かしょ》であるとわかった。こんな時のため、交換用の予備部品も常備してある。あとはドイツが朝になるのを待って、エンジニアと連絡をとりながら、手順に従って部品を交換すればよい。

ほっと一息ついた午後3時過ぎ、プラネタリウムに一枚のファックスが届けられた。届いたのはその日の中日新聞夕刊の社会面。見出しに大きく「新プラネタリウム故障」と書いてある。どこからか話が伝わってしまったようだ。

事の顛末《てんまつ》を教育委員会に報告すべく、野田以上の科学館管理職が市役所に向かった。プラネタリウムドームでは、毛利とコニカミノルタプラネタリウムのエンジニア

が部品の交換を終え、プラネタリウムは無事復旧していた。けれど、故障の本当の原因までは突き止められていない。もし本当の原因が先ほどの措置《そち》と違うところにあるのならば、再発の可能性が残る。プラネタリウムに起きたトラブルが広く世に出た以上、安全策を最優先すべしとの判断がなされ、急遽《きゅうきょ》、翌日のリニューアルオープン初日は、プラネタリウムは休演とすることが決まった。

夕方のテレビニュースで、野田は他の管理職職員とともに頭を下げた。科学館の外には新プラネタリウムを楽しみに、前夜から並ぼうと徹夜組の人たちが集まってきていたが、総務課のスタッフがお詫《わ》びをしてまわっていた。

3月19日、名古屋市科学館の新館はプラネタリウムなしで始まった。初日の人出は想定の半分ほど。来館者が詰《つ》めかけてエスカレーターが稼働《かどう》しなくなることなどが懸《け》念《ねん》されていたが、そんなトラブルが起きることもなかった。毛利たちはがらんとしたドームで、前日から続くユニバーサリウムIX型のランニングテストを何度もくり返した。なんとも悔しいスタートだった。

それでも遅れは1日で済んだ。3月20日、不測の事態に備え、投影回数は半分にしてスタートした。9時半の開館前から当日分のチケット計1050枚を超える1200人が列をなす。1日分のチケットが1時間半で完売した。

世界最大のドームにリニューアルして、座席の数は前のプラネタリウムで450席だったのが350席と、逆に少なくなった。ひとりあたりの専有面積を確保して、すべての座席から広い星空を楽しんでもらうための措置だった。ニューヨークのヘイデンプラネタリウムは2000年のリニューアル時に座席数を700から429に、ロサンゼルスのグリフィス天文台では663から298に、と世界でも席数を減らしてひとりあたりのスペースを充分にとる傾向にあった。

名古屋市科学館では座席を減らした代わりに、リクライニングするだけでなく、全体が左右に30度ずつ回転できる独自設計の大型シートを導入した。芝生の上に寝ころんで広い夜空を眺めるときのように、どの方角の空も楽な姿勢で眺めてほしい。そんな想いが込められている。シートの表面は衣服とこすれる音が出にくい材質を選び、暗い中でも確認できる色に指定した。シートの座り心地は、家具職人の家で育った毛利が自慢できる品質のものだ。

そんな心地よいシートに包まれて、新プラネタリウムにとって初めての350人の見学者が、世界最大のドームに星が現れるのを待つ。最初に解説台のマイクを通ったのは、新プラネタリウム設計の中心であった毛利の声だ。

「みなさん、お待たせをいたしました。今日はようこそ、この名古屋市科学館プラ

3月20日、初投影のプラネタリウムを眺める人たち

ネタリウムにお越しいただきました」

太陽が沈み、名古屋の街の星空が再現され、

「名古屋の街を離れて車で1、2時間、空の暗いところに行くと、空はこう変わり、さらにもっともっと暗いところに行くと星空はこんなふうに変わっていくんです…」

漆黒のドームに無数の星が灯《とも》る。本物と同じ輝きと色を求めて何度も改良を重ねたシャープな星像。チカチカと美しい瞬《また》き。かつては手動で動かしていた星座絵は、デジタルで全天に映し出され、夜空に物語を紡《つむ》ぐ星座たちが日周運動に合わせて自然に動いていく。

「ついにここまで来たんだ」。毛利は思わず涙がこぼれそうになった。山奥で本物の満天の星を眺めるとき、その広大さと奥行きの深さに引き込まれそうな、そしてそのまま自分が消えていってしまいそうな、そんな怖さをふと感じることがある。大きくなったドームに映し出された、遠く広がる空。旧館のドームよりもずっと遠くに感じる客席へ、消えゆく自分の声。山奥の空の下での体験と共通するような、鳥肌の立つような感覚がよぎっていた。

連休が明けて、23日の水曜日から通常通り1日6回の投影を始めた。平日にも関わらず、科学館の前には朝から長い行列ができていた。この状態が何年も続くとは、誰もまだ想像できなかった。

見学者ラッシュに嬉しい悲鳴
世界最大のドームとしてギネス登録も

新館になって最初のゴールデンウィーク。定員の2倍を超える2500人が、プラネタリウムのチケットを求めて列を成した。天文係スタッフにとってはありがたく、そして申し訳ない大行列である。

　プラネタリウムが見られず、がっかりして帰る人を少しでも減らそうと、平日は6回、土日はもう1回増やして7回の投影を行った。幕間をわずか30分に削っての、窮余の策だ。「いくらなんでもこれはやりきれない…」しかし、プラネタリウムを楽しみにやってきてくれた人に見てもらえないのは、なんともやるせなかった。

　夏休み。うだるような猛暑日でも、タオルを首にかけた親子連れが早朝から科学館の前に並んだ。並ぶ人たちが熱中症を起こさないようにと、職員がドライミストを数台稼働させた。うちわの無料配布や、飲料水の販売も始まった。リニューアル後、夏休みを終えての科学館の入館者は50万人、プラネタリウムの見学者は20万人を超えていた。

　そんな頃のとある休館日、プラネタリウムドームの中でレーザー計測機器による測量が行われた。ドームの直径を改めて測り直す。英国のギネスワールドレコーズ社に、「世界最大のプラネタリウム」として登録申請するためだった。リニューアルオープン前から、大

ギネスの登録証

2011年5月、混雑する科学館エントランスの様子。外にも行列がずらっと続いている

西高司学芸員が手続きに取り組んでいたものが、やっとここで現実のものになったのだ。

ドーム上の1154万点もの位置を測定し、得られたドームの直径が35・026±0・007メートル。建築風景を撮影した映像などとともに英国に発送し、11年12月12日、みごとギネス認定された。これで名実ともに「世界最大＊のプラネタリウム」となったのである。その間にも入館者数はどんどん伸びて、年末までに入館者は125万人、プラネタリウムの見学者は45万人を超えた。既《すで》にリニューアル前の倍以上の数字だった。

11年、名古屋市科学館と同じ年に、全国各地にもプラネタリウムの「新星」が誕生した。熊本市の市立熊本博物館では、3月に78年に建設した直径16メートルの古い施設を改装オープン。東京・池袋のサンシャインシティでは、コニカミノルタプラネタリウムが04年から事業を引き継いだプラネタリウム「満天」が設備を更新。同社は12年春に東京スカイツリータウン内で新プラネタリウム「天空」もオープンさせた。それでも名古屋市科学館の見学者の多さは群を抜いている。

12年1月には、日経新聞社が毎年選定する「優秀製品・サービス賞」の優秀賞にも選ばれた。受賞理由は「本物に近い星空の再現」だ。

「努力が予想以上に報《むく》われた」

＊2022年9月時点、世界最大のプラネタリウム（Largest planetarium）としてギネス認定されている。ちなみに、ロシアのサンクトペテルブルクにはドーム径37メートル（700人収容）の「プラネタリウム1」が2017年にオープン、ドーム中央に40台のプロジェクターが設置されドーム全体に映像を映す方式で、世界最大のプラネタリウムを自称している。

そんな思いだった。

リニューアルオープン以後、半年は1日7回投影を含むフル回転。その後は順次回数を減らして定常ダイヤに…と思っていたが、2年目もありがたく申し訳ない朝の大行列が続いた。やむなく平日も、休日と同じ1日6回のスケジュールが続く。

番組の制作に集中できるのは1日の投影が全て終了してからなので、夜の10時過ぎまでの勤務が定常的に続いた。プラネタリウムのリニューアル計画が始まった06年からずっと、もうこんな状態だ。さらに12年の5月には金環日食、6月には金星の太陽面通過と、とてもめずらしい天文現象が続けてあり、科学館でももちろん観察会を行った。多くの人が安全に観察できて、その傍《かたわ》らで後世の人たちに残す映像を記録できるよう、綿密な計画を立ててきた。本当は「お月様待って、金星もうちょっと後にして」と言いたいところだったが、天文現象は待ってくれない。

そうしてリニューアル後、50万人の見学者を迎えてきた天文係を、数年間溜《た》まってきたひずみが襲《おそ》う。

戦線離脱する学芸員たち

「なんだか熱が出てきたみたい」

12年6月18日の休館日。普段は快適な気温に保たれているプラネタリウムドームも、休みの日には空調が効かず、暑い。汗ばみながらメンテナンス作業をしていた毛利は突然、ぞくぞくっと寒気を感じた。暑いはずなのに、上着が欲しいくらい寒い。

しかし、翌日も朝から投影がある。すべての作業を終え、機器のテストランを済ませておかなければならない。夜8時過ぎにやっと作業を終え、這《は》うようにして自宅に帰った。

まさかこの時期にインフルエンザ？

翌朝かかりつけ医で検査した結果は陰性《いんせい》だった。しかし熱は38度を超え、身体はフラフラ、喉《のど》も痛い。とにかく全身が熱を持っていてだるい。かなり強い抗生物質を投与してもらい、もし明日も熱が下がらなかったらまた来てください、ということになった。

翌々日も熱は下がらない。これは精密検査が必要だということで、大きい病院に向かう。血液検査の結果、即座に専門医のいる別の病院へ緊急搬送された。この素早い判断がなければ、命を落としていたかもしれない。専門医のもとでCT検査を受けている間に容態が急変、多臓器不全で血圧が一気に下がり、気を失いかけた。

病名は「劇症型溶血性レンサ球菌感染症」。「人食いバクテリア」とも呼ばれる病気

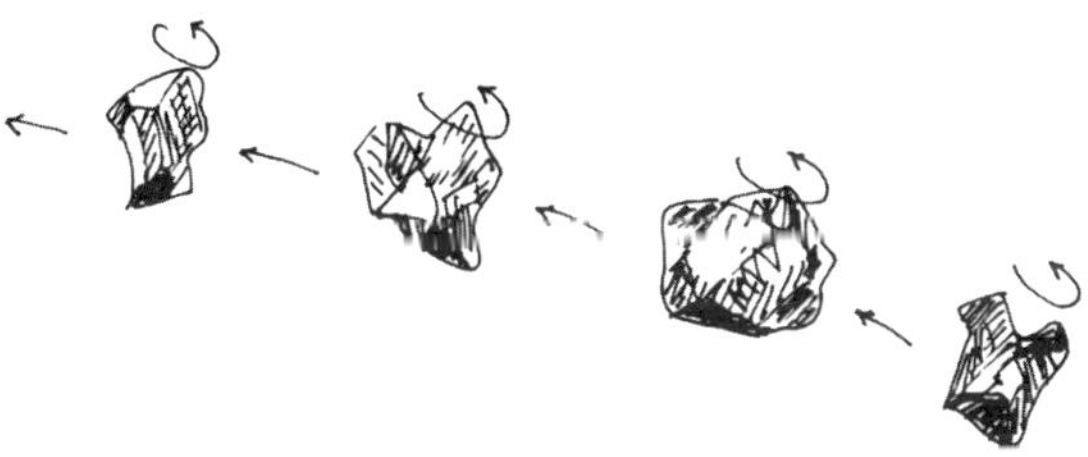

であった。ストレスなどで免疫力が落ちると、症状を起こしやすい。集中治療室で何本ものパイプにつながれても、意識だけは妙にはっきりしていた。様々な分野の医師が集まってきて、プロジェクトチームが組まれているのがわかる。

「生存率は50％です」

病状説明とともに、枕元でそう告げられた。その頃、家族は別室でありとあらゆる種類の手術への、同意書の束にサインを求められていた。

幸い、集中治療室での6日間の格闘の末、約1ヶ月の入院で後遺症もなく退院できた。退院の際、ベテランの医師から声をかけられる。

「毛利さんを救えたことは、当院の治療チームにとって大きな自信になると思います」

それだけ重症だったということだ。「チームの総合力」。普段プラネタリウムで大事にしていることは、医療現場でも重要なんだなあ、と感じ入りつつ、毛利は病院を後にしたのだった。

10月、今度は小林修二学芸員が骨折した。

その日も仕事が遅くなり、終電めがけて大慌《あわ》てで科学館を走り出たところ、館の駐車場のポールチェーンにひっかかって転倒。左腕《うで》を強打し、骨折した。疲れで注意力が散漫《さんまん》になっていたのだろう。それでも利き腕の右腕は無事だったので、片手で矢印ポインターを操作しながら解説を続けることはできた。

一方、野田は円形脱毛症に悩まされていた。

自分は肉体的にも精神的にも強い、と自負していた野田だったが、ある日鏡を覗《のぞ》き込むと、右耳の後ろにぽっかり、毛のない円が……。

「本当に円形に抜けるんだな…」

としんみり白い頭皮を見つめた。

大西には妻との間に、男の子が生まれていた。大学院の友人は、息子が生まれて嬉しそうな大西の様子をよく覚えている。

ところが12月のある日の明け方、大西が自宅で突然、痙攣《けいれん》発作を起こした。救急車で病院に搬送する。精密検査の結果、脳腫瘍が再発していることがわかった。緊急手術を受けたが、後に医師から告げられる。

「これ以上の手術はできません」

再発の可能性はもともと、最初の手術のときに告げられていた。でも、あきらめたくなかった。「死にたくない」。一度だけ、妻は声をあげて泣く大西を見たことがある。

それでも体調が戻るとすぐ、職場復帰を遂《と》げた。「星のことを伝えたい」という熱意が何より大事だったから。

「優しいしゃべり方をする人だな」

13年4月、天文係に加わった中島亜紗美にとっての、大西の第一印象だった。再発の後、話すスピードが特にゆっくりになっていたこともあって、覚えることを山ほど課せられた新人にとって、大西の言葉はちょうどいいテンポで理解しやすかった。機械の操作を教わったり、「昼間の星を見る会」の準備を一緒にしたりする。

「都会の空でももう少し星を出したほうがいいね。惑星だけじゃなくて、2等星くらいまでは出しておこう」

「今日は月齢18だから、月と天の川が一緒に出ているのは違和感があるよね。月は消してしまったほうがいいんじゃないかな」

時折プラネタリウム解説へのアドバイスもくれた。

大西が体調を崩し、再び自宅療養に入ったのは夏頃。それでも8月末、家族を連れてプラネタリウムへ遊びにきてくれた。よちよち歩きの1歳の息子さんの、可愛いこと。7人の天文係の学芸員と、嘱託《しょくたく》の北原政子とプラネタリウムのドームの中で写真を撮った。これが、大西が他のスタッフとともに奮闘《ふんとう》し作り上げた世界最大のドームで過ごす最後の時間となった。

本物の星空へ世界最大になっても、いつも変わらぬこと

冬のある寒い日の投影のこと。毛利が名古屋の冬の星空をドームに映し出す。

「星座は全部で88に整頓《せいとん》されています。一時期きまりごとがなかったときには自由につくることができて、100個もの星座が存在したときもあるんですけれど、きちんときめごとしましょうね、そんなことになったのは1920年代のことです。1923年から28年まで、5年間かけてこの「星座というもの」をきちんと定義する、そんなことがおこなわれました。

しかし、もっとずーっと昔、5000年くらい昔からこういった星座はあります。そのルーツはメソポタミア文明に行き着くということが最近わかってきているんですね。遺跡から石の彫り物が出てきて、星座の絵が描いてある。さそりがいて、その後ろに羽のはえた半馬の人がいて…あ、星座だ！とわかるわけですね。

さあ、今日の名古屋の冬の空には…」

冬はふたご座のカストル、ポルックス、オリオン座の明るいリゲルにベテルギウス、おおいぬ座のシリウス、こいぬ座のプロキオン。季節の星々を一通り解説したところ

で、毛利はこう切り出した。

「今、見上げているこの空は名古屋、北緯35度の空です。今日はこのドームの中に、名古屋市との交流事業で陸前高田市の中学校のみなさんが来られています。では、陸前高田市の北緯39度の空にしてみましょう」

この日の見学者には被災地からの生徒たちが含まれていた。

毛利は震災の夜、街の明かりがすべて消え去り、満天の星が見えたことを思い浮かべつつ、慎重にそれまでの解説を進めていた。あの悲しい思い出と、このドームの星空が、被災地の生徒たちの中でどう結びつくだろうか。

ドームを満天の星にしたとき、陸前高田の生徒たちも、名古屋の人たちと同じように普通に喜んでくれている、と感じてほっとした。そしてカシオペヤ座から北極星のたどり方を話す際、解説直前に確認しておいた数字を口にしたのである。北緯39度。北緯35度の空と39度の空は、確かにほんのちょっと違う。でも、名古屋の空と陸前高田の空はちゃんとつながっているんだよ、そんなメッセージを心に込めながら。

ドームが世界最大となっても、天文係のスタッフが変わらず守ってきたものがある。その日の天気、その日のできごと、その日の見学者の様子、様々な要素に応じて行うライブの生解説である。

名古屋市科学館天文係が開館以来ずっと大切にしてきた、「対話式の解説」は、どんなにデジタルで映し出せる映像が進化しても、変えることはない。クリスマスの当日なら2000年前のベツレヘムの空を映し出す。流星群が見られる日なら、何時にどの方角をどのように観察すればいいのか、詳しく解説する。探査機「ニューホライズンズ」が冥王星の映像を地球へ送ってきた日なら、冥王星についての話を挟む。解説者がその日その日にあわせてアドリブを入れる、というより台本もないのでそもそも全てがアドリブ、なのが名古屋市科学館の解説だ。

様々な新機能が備わった新しいプラネタリウムも、すべては昔からの解説スタイルにあわせて仕様設計されたものだ。解説台のスイッチも、いかに生解説の中で使いやすいかを解説者みんなで考え抜いて配置した。

その日プラネタリウムを観《み》にきてくれた見学者のことを考えて話すから、心に伝わる。そして、内容をちゃんと知っている専門職員が、自分たちの手で作った映像で解説をする。

学生時代に名古屋市科学館を訪れたことのある天文の研究者が、こう語っている。

「それは実家をはなれて名古屋へ出てきて2年目、大学2年生の時のことでした。子どもの頃には、地元のプラネタリウムによく行きましたが、マンガみたいなキャラクターが現れて録音された音声が流れる、子ども向けに仕立てられたもので、自分はもうプラネタリウムは卒業したと思っていました。だから友人からプラネタリウムへ行こうと誘われたときも、誘われたのだから仕方ないな、という気分でした。

その日のプラネタリウムのテーマは、シューメーカー・レビー第9彗星の木星衝《しょう》突《とつ》。大きなドームの星空の下で、ちゃんと内容を知っていそうな人が、生で話をしていることにまずびっくりしました。当時はまだインターネットもめずらしい時代だったのですが、インターネットで届いたばかりという、スペインの天文台からの衝突映像も紹介され、理学部の学生であった自分にも十分新鮮な内容。子ども向けじゃないプラネタリウムがあるんだということを、初めて知りました」

解説者は常に勉強を続け、新しいテーマに取り組む。そこには「大人の文化」として十分にプラネタリウムを楽しんでもらいたい、という意図がある。だからといって子どもにとって難しすぎる、ということではない。

「子どもって、子ども向けだよ、と言われると嫌なものでしょう? 大人にも子どもにもクォリティの高いものをちゃんとお見せしたいんです」

解説でどの程度の難易度を目指しているかと聞かれた毛利は、こう答えている。

そしてどの解説者も目的はひとつ、見学者を本物の空に導くことだ。

大西の訃報《ふほう》が届いたのは、14年の1月。

年明けて間もない1月12日、告別式が営まれた。遺影には解説台にすわってほほえむ大西の写真が使われた。12年のある日、めずらしくトラブルのない穏《おだ》やかな1日を終え、その日出勤していた野田、服部完治、大西、持田大作で交互に解説台に座り、写真を撮りあったのだ。大西はこの解説台での写真がとても気に入っていた。

享年38歳。まだ小さな息子には、大きくなるまで毎年の誕生日に観られるようにと、年齢ごとのメッセージをビデオテープに残し、星空へと旅立っていった。


プラネタリウムには、大西が制作した映像が今も使われている。そしてこれから数十年、いつも変わらぬ、限りなく本物に近い星空が世界最大のドーム「ブラザーアース」に映し出されていく。

大西学芸員が制作した土星のシーン

今、ここにいるということ

天文係学芸員の星空コラム

中島亜紗美

人生は選択の連続だ。進路を選ぶとは他の選択肢を諦《あきら》めることだと、塾の先生が話していたのはいつの事だったか。数多あった選択肢を捨てて、私がたどり着いたのは、プラネタリウムの解説者という仕事でした。

幼い頃から家の中で遊ぶのが好きな子どもでした。お気に入りはパズル、ブロック、本、そして「こどもチャレンジ」。テープの音声に合わせてページをめくり、様々な知識を得ました。小学校では算数が大好きで、それは教科名が数学になった後もずっと変わりません。論理的に詰めていけば答えにたどり着ける快感は、パズルそのものです。そして、理科にも幅広く親しんでいた高学年のとき、転機が訪れました。科学館天文クラブへの入会です。

元々科学館好きだった少女の興味が宇宙へと狭《せば》まっていったのには、宇宙開発のいかつい格好良さに惹《ひ》かれただけでなく、天文クラブのおかげで級友より天文に詳しくなったという、一種の優越感も手伝ったのかもしれません。浴室のドアについた小さな丸い明かり窓を月に見立て、手で一部を覆《おお》っては「月は右から見えるんだよ！新月、上弦、満月、下弦、…」と満ち欠けごっこ。進研ゼミの付録で手に入れた簡易プラネタリウムは、星座早見盤の要領で日時の設定もできました。驚いたことに、当時の私は家族に向けて投影チラシまで作っていたようです。お品書きは「季節の星座」、「惑星の写真」など。プロと変わりませんね（笑）

そうしてぼんやりと抱いていたプラネタリウムへの憧れは、天文学を志して理学部へ、物理学科へ、さらに国立天文台へと選択を続けた末に再燃したのです。変わらず持ち続けていたのは、広大な宇宙に対する畏怖《いふ》の念と、見上げた星空に癒《いや》される感覚。そして、国立天文台の観望会で知った「伝えること」「人と触れ合うこと」「運営すること」の楽しさ。これを仕事にできるのは科学館学芸員だと気づいてしまった以上、タイミング良く出ていた募集へ応募するのは必然だったのでしょう。こうして、たくさんの選択と幸運が重なった結果、私はいま、名古屋市科学館天文係の学芸員としてここにいます。

私を宇宙へと誘《いざな》ったプラネタリウムで、今度は私が皆さんを宇宙へと誘《いざな》う。こうして夢を次世代へ繋《つな》いでいけたらと願っています。

エピローグ

２０１５年７月。名古屋市科学館天文係には同年4月から新しいメンバーが加わった。

稲垣順也。中島にとっての職場での初めての後輩は、ちょっと頼りなげで、でも優しい笑顔の青年だ。彼もやはり、幼児投影のあと、北原政子からたっぷりダメ出しを喰らっている。

「『今日は西の空に明るい星がふたつ輝いています』…ってこれだけで終わっちゃだめよ。今、金星と木星はかなり接近しているわよね。解説者たるもの、今日の実際の夜空で何が起きているか、話したくならなくちゃいけないのよ。

それと『星が輝く』、この表現も多用するとげんなりだから、違う言葉を使いましょうね。

でも子どもたちと遊ぶのは上手になったわね〜。子どもたちって稲垣君くらいの若いお兄さんとは普段あまり接しないでしょう。若いお兄さんが遊んでくれている、そんな感じで稲垣君のキャラクターを活かせるといいわね」

中島は自分の新人の頃を思い出して、ちょっと懐かしいような気持ちになる。

解説者になって3年目。まだ解説で100点に到達したことはないけれど、自信を持って話せるようになった。昔は気になった機械のファンからの冷気も、熱を込めて話している間はほとんど感じない。よどみなく、50分の解説をこなせるようになった。

「みなさん、こんばんは。これで今日の夜8時です。この頃、ちょっと梅雨どきのはっきりしない天気が続いていて、晴れる日が少ないですね。もし夕方晴れていて、星が見えたらぜひ、西の空をご覧いただきたいんです。金星と木星が、とびきり空の中でも目立っています。夕焼け空の中、まだ青さが残る空に、本当にパカーっと目立って見えるんですね。

惑星というのは空の上を移動していきます。これから先、この金星と木星は空の低いところに行ってしまって、見えづらくなっていきます。晴れた日があればぜひ早めに、このふたつの惑星をご覧いただければと思います。

そして今、空にもうひとつ惑星が見えています。土星です。南の空を少し見上げたところにある目立つ星、これが土星なんですね。南側の高いところにうしかい座のアルクトゥルス、ちょっと低いところにおとめ座のスピカがあって、それ以外には明るい星がありませんから、土星が見つけやすくなっているんです。

土星よりも内側の惑星は十分明るいので、こうして肉眼で、望遠鏡を使わなくても楽しむことができるんですね。今は8時の空で惑星を3つも同時に楽しむことができる、なかなかいい時期なんです」

「清潔感のある、いい仕上がりでしょう」

一人前に育ってきた中島を見ながら、北原は嬉しそうに語る。

世界最大のプラネタリウムとなってから4年。今も投影は毎回満席だ。
＊野田学、毛利勝廣、服部完治、小林修二、持田大作、中島に稲垣が加わって7人のスタッフでこれからも1日6回、50分台本なし、名古屋市科学館の生解説は続いていく。星になった先輩解説者や大西高司の想いをのせ、今日も35メートルのドームには限りなく本物に近い星々が瞬《またた》いている。

＊2022年9月時点のプラネタリウム解説者（常勤）は、毛利勝廣、持田大作、中島亜紗美、稲垣順也、髙羽幸、河野樹人、竹中萌美、野田学。世代交代が進んでいる。

プラネタリウムの解説者になるには

天文係学芸員の星空コラム　　北原 政子

名古屋市科学館のプラネタリウムには、２つの特徴があります。毎月テーマが変わること、演出（番組）を自主制作すること、この２本柱です。プラネタリウムのテーマは、星座から宇宙論まで、暦《こよみ》や日照など生活の中の天文学から研究最前線までと、実に多岐にわたっています。こうした広範囲の分野のテーマを生で解説するわけですから、基本的に天文学の知識は不可欠です。そのため、かつては大学の理学部や教育学部出身であることを資格要件としていましたが、今は限定されていません。学部、経歴ではなく、広い分野に関心を持ち修得していこうとする姿勢を重要としています。条件としては他に、学芸員の資格が必要です。

テーマをわかりやすく興味深くするために、音響や映像など演出をしますが、こうした番組制作も重要な仕事です。そのためには、プラネタリウムという特殊な空間に特化したオーディオ機器、ビジュアル機器などのハード、ソフト両面に精通していることも現場で期待されるところです。

こうした資格条件に増して望まれるのが、魅力ある解説者であることです。プラネタリウムのような暗闇の中で話を聞くとき、人間の感性は通常以上に冴《さ》えています。解説には、微妙に解説者の人柄がでます。プラネタリウムの見学者は、解説者によって知的好奇心をくすぐられ、星を見る楽しさを知り、宇宙をより深く捉《とら》え、心を動かす感銘を受けることを期待しています。これに応えるためには、知識や物事を論理的に組み立てる能力だけではなく、幅広い教養、品格ある人柄、心優しい誠実さをもった人間性が望まれます。

でも、これって、プラネタリウムの解説者だけに望まれることではなく、全ての人が目標とする人間像ですね。そうなんです。その人の有する人間力以上のものが、その人から出てくることはありませんから。つまり、魅力ある解説者になるためには、人間力を高めるための自己研鑽《けんさん》をし続けていく真摯《しんし》な態度こそが大切なのです。
そんな仲間を私たちは待っています。

世界一大きなプラネタリウム
名古屋市科学館訪問
上村五十鈴
はじめまして、この度 表紙を描かせて頂きました 上村五十鈴と申します！
まずは 名古屋市科学館様 新設五周年 おめでとうございます！
祝
この様なお目出たい記念の書籍である表紙を仰せつかり大変恐縮しましたが 『世界一大きなプラネタリウム』の物語ーー…
いいのかな いいのかな…
一度観にいらして下さい
メール
とにかく名古屋へいこう！
ぎゅ
その響きはとても魅力的でした
名古屋駅で中日新聞社佐藤さんと落ち合い、地下鉄伏見駅にて広小路通りをしばらく行くと
はじめまして
!!?
ボーン
長島町交差点
通りにでっかい鉄球が……!!!
来る…
この日最初の衝撃
近づくにつれ押し迫る存在感に到着まで圧倒され続けました
わあああ
パシャ
パシャ
慣れている名古屋市民
ぜひ体感あれ
ここでデザイナー多喜田さんと合流し施設内へー
とにかくスゴイ
とにかくキレイ
カッコイイ
とにかくクール
ウィーン
イメージです

そして いよいよ プラネタリウム
プラネタリウム
プラネタリウム展示ホール
円球内部
とにかく
おおおお
大きい・・・・!!!!
この日 二度目の衝撃
この日の生解説は 物語冒頭から登場させている 中島亜紗美さん
上映はぜひご覧あれ…!
ガンバレ!!
いいよ すごくいいよ
前もって第一章を読ませて頂いていた為 勝手に親心で拝見する
いかされました…
その後やはり第一章で 厳しい指導者の一面を見せていらした 野田主幹さんにプラネタリウム施設内を 案内して頂きました
とにかく 全てが 規格外
?!
ズラー
スゴイ量の 音響機材
とにかく あれだけの 広さの音響 なので…
新設の際 下からも音が出せる ようにしたそう
中でも度肝を抜かれました
『制作室』
プラネタリウム投映場の全機能を 詰め込んだ縮小版で
正にここの脳《ブレーン》・・・
以前の旧施設では 試作上映の時間がとれず 残業が深夜にまで渡ってしまった為 新設の時に取り入れたのだそうです
この日三度目の衝撃 & かっこよすぎて鳥肌
「残業はなくなりましたか〜」 という問いに
いや それが 全然…
ついもっと もっと良くと なってしまって…
わはは まずい
と困ったように でも楽しそうに 答えられていました
今回名古屋市科学館 プラネタリウム解説者の 皆さんを知り 『いかに情熱を持って 宇宙と対峙し その感動を全力で お客様に伝えようと しているか』 という事を とても強く感じ 感動しました。
どおおおおおおん…
かっこいい…
巨大ロボのよう
ツァイスⅣ
大衝撃その4
この様な出会いを頂けた事を 深く感謝致します
中日新聞社出版部 佐藤さま この本に関わる全ての皆さま ありがとうございました。
世界一は 大きさだけでは ありませんでした…。

編集後記

２０１６年3月、名古屋市科学館のプラネタリウムは、世界最大の35メートルドームにリニューアルしてから5年になります。14年の春、「5周年を記念して何か本を作りませんか」と天文係にお伺いしました。

ＳＦ映画に出てくる宇宙船や巨大ロボットのような、大きな大きな球体が名古屋の街に現れてはや5年。この風景も、市民にとってはすっかり当たり前のものとなりました。

リニューアル前を合わせると、名古屋にプラネタリウムができてから約54年になります。60年代以降に名古屋で生まれ育った人なら、一度は見たことのあるこの施設自体、名古屋の人たちにとってはあって当たり前のもの。当たり前すぎるせいか、代々受け継がれてきた生解説が特別なものであることも、現在は世界最大のドームとしてギネス登録されていることも、意外と知られていません。

5周年を機に、このプラネタリウムの比類なき魅力を名古屋市内外に発信できたら――。そんな思いが合致し、出版企画がスタートしました。

野田学天文主幹にリニューアル工事前後のできごとを文章にまとめていただき、

それを基礎に、過去に中日新聞で取材した内容や天文係の皆さんから伺ったお話を加えてできたのが本書です。

名古屋市科学館天文係は今でも、職員の皆さんの妥協を許さない職人気質ゆえに、世の中で最も忙しい職場のひとつです。日々お忙しい中、制作にご協力いただいた名古屋市科学館の方々、素晴らしい表紙イラストと漫画を描いてくださったト村五十鈴先生、科学館の「星の会」ご出身で、想いの詰まった帯コメントをくださった堤幸彦監督、そして大西高司学芸員の奥様をはじめ資料をご提供くださった方々に、改めてお礼申し上げます。

中日新聞社出版部

星空の演出家たち
世界最大のプラネタリウム物語

2016 年 3 月 5 日　初版第 1 刷　　発行
2022 年 11 月 3 日　第 2 版第 1 刷　発行

編著　中日新聞社出版部
表紙・マンガ　上村 五十鈴
イラストレーション　山田 卓
ブックデザイン　idG 株式会社
発行者　勝見 啓吾
発行所　中日新聞社
住所　〒 460-8511 名古屋市中区三の丸一丁目 6 番 1 号
電話　052-201-8811（大代表）
052-221-1714（出版部直通）
振替　00890-0-10 番
ホームページ　https://www.chunichi.co.jp/corporate/nbook/
印刷　長苗印刷株式会社

ISBN 978-4-8062-0702-3 C0044